本书获

贵州省科研机构创新能力建设专项资金项目：

"贵州省主要食药用菌资源信息化智能平台建设与应用"（黔科合服企〔2019〕4007）

贵州省科技支撑计划项目：

"贵州省菌物资源普查及其创新利用"（黔科合支撑〔2019〕2451号）

资 助

中国斗篷山大型真菌

邓春英 康 超 王 晶/主编

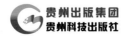
贵州出版集团
贵州科技出版社

图书在版编目（CIP）数据

中国斗篷山大型真菌 / 邓春英，康超，王晶主编
. -- 贵阳：贵州科技出版社，2022.2
ISBN 978-7-5532-0992-0

Ⅰ.①中… Ⅱ.①邓…②康…③王… Ⅲ.①大型真
菌—都匀—图集 Ⅳ.①Q949.320.8-64

中国版本图书馆 CIP 数据核字（2021）第 206444 号

中国斗篷山大型真菌
ZHONGGUO DOUPENGSHAN DAXING ZHENJUN

出版发行	贵州出版集团　贵州科技出版社	
地　　址	贵阳市中天会展城会展东路 A 座（邮政编码：550081）	
网　　址	http://www.gzstph.com	
出 版 人	朱文迅	
经　　销	全国各地新华书店	
印　　刷	深圳市新联美术印刷有限公司	
版　　次	2022 年 2 月第 1 版	
印　　次	2022 年 2 月第 1 次	
字　　数	226 千字	
印　　张	9.75	
开　　本	787 mm × 1092 mm　1/16	
书　　号	ISBN 978-7-5532-0992-0	
定　　价	78.00 元	

天猫旗舰店：http://gzkjcbs.tmall.com
京东专营店：http://mall.jd.com/index-10293347.html

前言
FOREWORD

　　贵州省地处低纬度山区，东部、西部之间的海拔高差在2500 m以上，且同一区域地势高差也很大。随着地势的不断增高，各种气象要素明显不同，气候垂直差异较大，立体气候明显，生物多样性十分丰富。贵州省位于全国菇菌资源分区中的西南区，属亚热带湿润季风气候区，冬暖夏凉，空气湿润，光照较弱，雨热同期。年平均气温为10.4~19.6 ℃，1月平均气温为1~12 ℃，7月平均气温为17~28 ℃；年平均降水量为850~1600 mm，年雨日一般为160~220 d，大部分地区的年空气相对湿度高达80%以上，不同季节之间的变幅较小；年平均日照时数为1014.6~1805.4 h，阴天日数达130~180 d，年平均日照时数比同纬度的我国东部地区少1/3以上，是全国日照时数最少的地区之一。早在2002年，贵州省已报道的大型菌物有1266种，隶属44科202属。21世纪以来，随着分子生物学、生物信息学和分类学的结合，新的菌类物种资源不断被发现、认识。

　　2018年一个偶然的机会，我带学生到黔南布依族苗族自治州都匀市斗篷山实习，被这片宁静而独特的森林所吸引，随后每年都会到这里采集，每次都有新的收获。2019年，中共贵州省委、贵州省人民政府部署开展贵州省菌物资源普查，借此机会，我和我的团队对在斗篷山采集的600多号标本进行了整理与鉴定。本书收录204种，隶属于2门8纲15目42科98属。全部物种都附有生境照片，标本保藏在贵州省生物研究所标本馆。在收录的204个种中，具有食用价值的有57种，具有药用价值的有60种，有毒的有10种。

　　本书的出版得到了贵州省科研机构创新能力建设专项资金项目和贵州省科技支撑计划项目的资助。参与资源调查和采集的人员有郑旋、王万坤、方启蒙、舒忠权、石妍、王敏、李骥鹏等。本书中所载物种的鉴定得到了中国科学院昆明植物研究所杨祝良研究员、王向华博士、李艳春博士，广东省科学院微生物研究所李泰辉教授、邓旺秋博士，北京林业大学戴玉成教授、何双辉博士、王芳博士，吉林农业大学图力古尔教授等的支持和帮助。编者对上述个人和单位致以诚挚的谢意。

　　由于编者水平有限，书中难免存在不足和谬误，敬请读者提出宝贵意见，以便于本书的修订、完善。

邓春英

2021 年 8 月 12 日

目录 CONTENTS

第一章

总 论

1. 斗篷山大型真菌研究简介

斗篷山是剑江水源保护地，2004年都匀斗篷山－剑江风景名胜区被批准为国家级重点风景名胜区。斗篷山的气候属于亚热带湿润季风气候。斗篷山最高峰海拔为1961 m。在贵州省，斗篷山与梵净山、雷公山齐名，为"贵州三大名山"之一。它位于我国亚热带东部常绿阔叶林区，山体相对高差大，土层深厚，土体湿润，为不同植物的生长创造了良好的条件，因此，林区现存森林多属原生性较强的天然植被，森林类型多样：处于海拔1100~1300 m的为常绿阔叶林；处于海拔1300~1500 m的为方竹林，偶尔出现常绿阔叶林，以及遭受择伐后的常绿落叶阔叶林；处于海拔1500~1961 m的为常绿落叶阔叶混交林，在海拔1900 m的天池附近，还会出现以常绿性杜鹃为主的杜鹃花矮林。落叶阔叶林一般分布在常绿落叶阔叶混交林带以上的局部地段，或个别分布在海拔1000 m左右的村寨附近。

斗篷山生物资源丰富，共有维管束植物141科334属494种，其中有蕨类植物23科34属44种，裸子植物6科9属12种，被子植物112科291属438种；共有鸟类140多种，兽类39种。对斗篷山大型真菌的研究相对较少，老蛇冲自然保护区、螺丝壳水源涵养林自然保护区与斗篷山相连，文字记录老蛇冲自然保护区有大型真菌137种。

2. 斗篷山大型真菌资源评价

大型真菌，是能够形成肉质或胶质的子实体或菌核的一类大型高等真菌的总称，即子实体肉眼可见，双手可摘，而且子实体的形状、大小各异的真菌，泛指蘑菇或蕈菌，它们中的大多数属于担子菌门，少数属于子囊菌门。已知的大型真菌数量约为3万种，有些分解腐木木质素，有些跟植物、白蚁形成共生关系，有些寄生于昆虫上，也有些寄生于经济作物上而被称为"病原菌"。为人们所熟知的，还是食用菌、药用菌和有毒真菌。

（1）食用菌泛指可供人类食用的大型真菌，营养丰富，味道鲜美。全球有2000余种，我国有1020种，其中100余种经过人工驯化，可以大规模栽培。联合国粮食及农业组织（Food and Agriculture Organization of the United Nations, FAO）和世界卫生组织（World Health Organization, WHO）提出，人类最佳的饮食结构是"一荤一素一菇"。斗篷山有食用菌57种，其中香菇 Lentinula edodes、毛木耳 Auricularia cornea、皱木耳 Auricularia delicata、棕灰口蘑 Tricholoma terreum、黄蜜环菌 Armillaria cepistipes 是当地农户广泛采食的种类，其他食用菌还有槭生田头菇 Agrocybe acericola、辛德锁瑚菌 Clavulina thindii、硫磺菌 Laetiporus sulphureus、黑褐乳菇 Lactarius lignyotus、多汁乳菇 Lactifluus volemus、拟粘小奥德蘑 Oudemansiella submucida、蛹虫草 Cordyceps militaris、粗柄羊肚菌 Morchella crassipes、蓝黄红菇 Russula cyanoxantha 等。

（2）药用菌是指具有抗癌、抗衰老、提高机体免疫力等功效的大型真菌。全球药用菌估计在1500种以上，我国记载的有690种。斗篷山有药用菌60种，如蝉花

Isaria cicadae、松生拟层孔菌 *Fomitopsis pinicola*、杨树桑黄 *Fuscoporia gilva*、树舌灵芝 *Ganoderma applanatum*、有柄灵芝 *Ganoderma gibbosum*、鳞皮扇菇 *Panellus stipticus*、裂褶菌 *Schizophyllum commune* 等。

（3）有毒真菌是指食用后会引起人体不适甚至死亡的大型真菌。它们中的一些与食用菌在形态上极为相似，要靠显微特征甚至是 DNA 序列才能加以区分。人们误食有毒真菌后，会出现不同的中毒症状。有毒真菌中毒类型可分为：急性肝损害型、急性肾衰竭型、神经精神型、胃肠炎型、溶血型、横纹肌溶解型、光过敏性皮炎型，等等。全球有毒真菌有 1000 余种，我国有 480 种，斗篷山有 10 种，主要是鳞柄伞 *Agaricus flocculosipes*、裘氏厚囊牛肝菌 *Hourangia cheoi*、黑耳 *Exidia glandulosa*、青灰盔盖伞 *Galerina fallax*、叶状耳盘菌 *Cordierites frondosa* 等。

第二章

各 论

1. 紫色囊盘菌 *Ascocoryne cylichnium* (Tul.) Korf

简要特征：子囊盘直径 7~20 mm，盘形至杯形或带柄的酒杯状，胶质。子实层表面暗紫褐色至带紫红的灰褐色，光滑。囊盘被外观与子实层表面相似，或色稍浅，有细绒毛。菌柄有或缺。子囊（200~230）μm×（14~16）μm。子囊孢子（18~28）μm×（4~6）μm，纺锤形，光滑，有多个小油滴，成熟时有数个横隔。分生孢子常可形成，近球形，但不成串。

生境：群生于针叶树、阔叶树的腐木上。

研究标本：2020 年 10 月 20 日，GH805（HGASMF01-10940）；2020 年 11 月 21 日，DCY2983（HGASMF01-10862），Genbank 登录号 ITS=MZ951108。

经济价值：未知。

2. 橘色小双孢盘菌 *Bisporella citrina* (Batsch) Korf & S. E. Carp.

简要特征：子囊盘直径约 3.5 mm，杯形至盘形，上表面、下表面均光滑，柠檬黄色至橘黄色，干燥后有褶皱，颜色变深。菌柄短小且下端渐细或不具柄，光滑。子囊（100~135）μm×（7~10）μm。子囊孢子（8.5~14.0）μm×（3.0~5.0）μm，椭圆形，表面光滑，具油滴，成熟后常具隔。

生境：夏秋季群生于阔叶林中的腐木上。

研究标本：2019 年 8 月 17 日，DCY2028（HGASMF01-3564）；2020 年 11 月 21 日，DCY2968（HGASMF01-10877）；2021 年 5 月 23 日，SZQ293（HGASMF01-13742）。

经济价值：未知。

3. 叶状耳盘菌 *Cordierites frondosa* (Kobayasi) Korf

简要特征：子囊盘直径 1.5~3.0 cm，花瓣状、盘状或浅杯状，边缘波状。子实层表面近光滑。囊盘被有褶皱，黑褐色至黑色，由多片叶状瓣片组成，干燥后墨黑色，脆而坚硬。具短柄或不具柄。子囊（43~48）μm×（3~5）μm，细长，棒状。子囊孢子（5.5~7.0）μm×（1.0~1.5）μm，稍弯曲，近短柱状，无色，光滑。

生境：夏秋季生于阔叶树的倒木和腐木上。

研究标本：2021 年 4 月 10 日，LXL60（HGASMF01-13413）。

经济价值：毒菌。

4. 斜链棒束孢 *Cordyceps cateniobliqua* (Z. Q. Liang) Kepler, B. Shrestha & Spatafora

简要特征：孢梗束生于寄主虫体上，虫体被绒毛状的、白色至粉红色的菌丝包裹。孢梗束长 8~12 mm，直径约 1 mm，柱形至棒状，一般不分枝，玫瑰红色至血红色，成熟后白色孢子覆盖上半部分，包括孢子直径达 2~3 mm，呈白色或淡粉红色。分生孢子梗（90.0~150.0）μm×（1.0~1.5）μm，个别长达 500 μm，直立，可分枝 2~3 次，近透明，光滑。分生孢子（2.5~7.0）μm×（1.0~2.5）μm，长矩形、近杆形、近椭圆形，透明，光滑。

生境：生于鳞翅目昆虫的幼虫、蛹和革翅目昆虫（蠼螋）的幼虫上。

研究标本：2019 年 10 月 10 日，FQM88（HGASMF01-1977），Genbank 登录号 ITS=MZ413283；2020 年 12 月 17 日，GH781（HGASMF01-12950），Genbank 登录号 ITS=MZ130513。

经济价值：未知。

5. 台湾虫草 *Cordyceps formosana* Kobayasi & Shimizu

简要特征：子座高 1.2~1.8 cm，可由寄主任何部位长出，棍棒形。可育部分长 3~8 mm，直径 2~3 mm，圆柱形至长椭圆形，淡朱红色至橙黄色。子囊壳近表生，分散或致密，近卵形。子囊孢子线形，多分隔，成熟时断裂形成分生孢子。分生孢子（5.0~7.0）μm×（1.8~2.0）μm。

生境：秋季单生或群生于甲虫幼虫的虫体上。

研究标本：2019 年 8 月 17 日，DCY2479（HGASMF01-3950）、DCY2480（HGASMF01-13844）；2020 年 8 月 3 日，WM412（HGASMF01-5292）；2021 年 4 月 8 日，LXL42（HGASMF01-13392）；2021 年 6 月 5 日，DCY3203（HGASMF01-13925）。

经济价值：药用菌。

6. 蛹虫草 *Cordyceps militaris* (L.) Fr.

简要特征：子座高 3~5 cm，单个或数个从寄主头部或虫体节部生出，橙黄色，分枝或不分枝。可育头部（1~2）mm×（3~5）mm，棒状，表面粗糙。不育菌柄（2.5~4.0）mm×（2.0~4.0）mm，近圆柱形，内部实心。子囊壳外露，近圆锥形。子囊（300~400）μm×（4~5）μm，棒状，具 8 个子囊孢子。子囊孢子细长，直径约 1 μm，线形，成熟时产生横隔，并断裂形成分生孢子。分生孢子（2.0~3.5）μm×（1.7~2.3）μm。

生境：生于鳞翅目昆虫的蛹上。

研究标本：2019 年 10 月 10 日，FQM90（HGASMF01-1980）、FQM95（HGASMF01-1985）；2021 年 6 月 5 日，DCY3224（HGASMF01-13904）。

经济价值：食用菌、药用菌。

7. 双节棍孢子植生虫草 *Cordyceps ninchukispora* (C. H. Su & H. H. Wang) G. H. Sung, J. M. Sung, Hywel-Jones & Spatafora

简要特征：子座高 13~22 cm，从寄主不同部位长出，棍棒状。不育柄（10~15）mm×（1~2）mm，圆柱形，杏黄色至橙褐色。可孕部分（5~15）mm×（1~2）mm，棒状，橙色。子囊壳（95~145）μm×（50~60）μm，梨形，浅表生。子囊（75.0~105.0）μm×（2.1~3.1）μm，长圆柱形。子囊孢子（90.0~110.0）μm×（0.9~1.7）μm，透明质，断裂为次生孢子而直接萌发成菌丝。

生境：寄生于琼楠 *Beilschmiedia intermedia* Allen 的种皮上。

研究标本：2020 年 12 月 17 日，GH792（HGASMF01-11838），Genbank 登录号 ITS= MZ413287。

经济价值：药用菌。

8. 粉被虫草 *Cordyceps pruinosa* Petch

简要特征：子座 10~50 mm，通常多根，有分枝，鲜橙红色。可育部分长（3~8）mm×（1~2）mm，顶部钝圆至略尖。不育菌柄（5.0~20.0）mm×（0.5~1.2）mm，稍弯曲，基部往往有白色菌丝体。子囊壳（200~400）μm×（100~200）μm，卵形。子囊（100.0~200.0）μm×（2.5~4.0）μm。子囊孢子比子囊稍短，线形，可断裂形成分生孢子。分生孢子（4~6）μm×（0.5~1.2）μm，无色。

生境：生于林下鳞翅目刺蛾科昆虫的茧上。

研究标本：2019 年 8 月 17 日，DCY2048（HGASMF01-3585）；2019 年 10 月 11 日，ZJ49（HGASMF01-1625）、ZJ164（HGASMF01-1975）。

经济价值：药用菌。

9. 细脚棒束孢 *Cordyceps tenuipes* (Peck) Kepler, B. Shrestha & Spatafora

简要特征：无性分生孢子体由多根孢梗束组成。虫体被白色菌丝包被。孢梗束高 2.0~3.8 cm，群生或近丛生，常有分枝。孢梗束柄纤细，黄白色，光滑，上部多分枝，白色，粉末状。分生孢子（2.0~3.0）μm×（1.5~2.0）μm，近球形至宽椭圆形。

生境：生于林中的枯枝和落叶或地下蛾蛹等上。

研究标本：2019年8月17日，DCY2037（HGASMF01–3573）；2019年10月10日，FQM89（HGASMF01–1978）；2020年11月21日，DCY2979（HGASMF01–10866）。

经济价值：药用菌。

10. 长柄粒毛盘菌 *Dasyscyphella longistipitata* Hosoya

简要特征：子实体直径3~6 mm，浅杯状、盘状至平展形，具长柄。子囊盘厚约0.1 mm，白色，表面被毛状物。菌柄（3~10）mm×（1~2）mm，圆柱形，与菌盖同色，基部淡黄色、黄绿色，被白色毛状物。子囊（42.0~55.0）μm×（4.2~6.5）μm，棒状，顶端平截，顶端遇梅氏剂变蓝色，具8个子囊孢子。子囊孢子（6.5~9.5）μm×（2.8~3.5）μm，椭圆形至柠檬形。

生境：群生于山毛榉目壳斗科青冈属植物的果实壳上。

研究标本：2021年3月13日，DCY3078（HGASMF01–13077）；2021年3月14日，DCY3066（HGASMF01–13088），Genbank 登录号 ITS=MZ823507，以及 DCY3067（HGASMF01–13087）；2021年4月9日，LXL34（HGASMF01–13433）。

经济价值：未知。

11. 橙红二头孢盘菌 *Dicephalospora rufocornea* (Berk. & Broome) Spooner

简要特征：子囊果小型，有1个柄状基部，暗红色，直径5~18 mm。子囊圆柱形，基部变宽，（82~103）μm×（8~11）μm，顶端遇梅氏剂变蓝色。子囊孢子（21.0~27.0）μm×（3.5~4.5）μm，多管状，光滑，透明。

生境：群生于腐木上。

研究标本：2019年8月7日，DCY2028（HGASMF01–3564）；2019年9月10日，ZJ122（HGASMF01–1923）；2019年9月10日，FQM56（HGASMF01–1924），Genbank 登录号 ITS=MZ648449；2021年6月4日，DCY3197（HGASMF01–13931）。

经济价值：未知。

12. 液状胶球炭壳菌 *Entonaema liquescens* Möller

简要特征：子囊果小型，不规则球形，直径 3~6 cm，白色、橘黄色至红褐色，内部肉状胶质。子囊壳埋生。子囊（100~250）μm×（6~10）μm，圆柱形，具 8 个子囊孢子，单行排列。子囊孢子（10~12）μm×（5~7）μm，近宽横圆形至近卵形，表面光滑。

生境：夏秋季生于多种阔叶树的枯立木和倒木上。

研究标本：2020 年 11 月 22 日，DCY2975（HGASMF01-10870）；2021 年 8 月 14 日，DCY3356（HGASMF01-15014）。

经济价值：未知。

13. 黑马鞍菌 *Helvella atra* J. König

简要特征：菌盖直径 1~2 cm，呈马鞍形或不正规马鞍形，边缘完整，与柄分离，上表面（即子实层表面）黑色至黑灰色，平整；下表面灰色或暗灰色，光滑，无明显粉粒。菌柄（2.5~4.0）cm×（0.3~0.4）cm，圆柱形或侧扁，稍弯曲，黑色或黑灰色，往往较菌盖色浅，表面有粉粒，基部色淡，内部实心。子囊（200.0~260.0）μm×（9.5~12.0）μm，圆柱形。侧丝粗约 8 μm，有分隔，不分枝，灰褐色至暗褐色，顶端膨大，呈棒状。

生境：生于林中地上。

研究标本：2021 年 4 月 10 日，LXL46（HGASMF01–13427）。

经济价值：食用菌。

14. 蝉花 *Isaria cicadae* Miq.

简要特征: 分生孢子体由从蝉蛹头部长出的孢梗束组成。虫体表面棕黄色,为灰色或白色菌丝包被。孢梗束长 1.6~6.0 cm,分枝或不分枝,长椭圆形、椭圆形、纺锤形或穗状,长有大量白色粉末状分生孢子。不育菌柄长 1~5 cm,直径 1~2 mm,黄色至黄褐色。分生孢子梗(5~8)μm×(2~3)μm,瓶状,中央膨大。分生孢子(5.0~14.0)μm×(1.8~3.5)μm,长椭圆形、纺锤形或近半圆形,具 1~3 个油滴。

生境: 散生于疏松土壤中的蝉蛹上。

研究标本: 2019 年 8 月 17 日,DCY2052(HGASMF01-3589);2019 年 10 月 10 日,FQM75(HGASMF01-1958)、FQM76(HGASMF01-1960)。

经济价值: 药用菌。

15. 垫状炭墩菌 *Kretzschmaria parvistroma* Mugambi, Huhndorf & J. D. Rogers

简要特征: 子座埋生、扁平,宽 0.5~1.5 cm,高 0.5~1.0 cm,黑色,表面光滑,常相互连接。子囊壳(350~500)μm×(250~440)μm,椭圆形至圆角长方形。子囊孢子(30~45)μm×(8~14)μm,不等边梭形,浅褐色至红褐色。

生境: 生于林中的腐木上。

研究标本: 2021 年 8 月 14 日,DCY3330(HGASMF01-15042),Genbank 登录号 ITS=MZ951143。

经济价值: 药用菌。

16. 粗柄羊肚菌 *Morchella crassipes* (Vent.) Pers.

简要特征: 子囊盘长 5~7 cm，宽约 5 cm，圆锥形，表面有许多凹坑，似羊肚状，凹坑近圆形或不规则形，大而浅，淡黄色至黄褐色，交织成网状，网棱窄。菌柄（3~8）cm×（2~5）cm，粗壮，基部膨大，稍有凹槽。子囊孢子（10~13）μm×（22~25）μm，椭圆形或圆形，大小较均匀，无色。

生境: 春夏之交生于潮湿地、开阔地、河边沼泽地上。

研究标本: 2019 年 10 月 10 日，DCY3109（HGASMF01–13046）。

经济价值: 食用菌、药用菌。

17. 紫湿盘菌 *Ombrophila janthina* (Fr.) Sacc.

简要特征: 子实体高 0.8~1.0 cm, 钉子状。菌盖直径 0.2~0.4 cm, 平展形, 淡紫色, 胶质。菌柄（2.0~10.0）cm×（0.1~0.2）cm, 胶质, 淡紫色。菌肉较薄。孢子（6~11）μm×（3~4）μm, 椭圆形, 无色。

生境: 单生或散生于腐木上。

研究标本: 2021 年 4 月 8 日, LXL37（HGASMF01−13430）, Genbank 登录号 ITS=MZ820692; 2021 年 4 月 10 日, LXL64（HGASMF01−13409）。

经济价值: 未知。

18. 黄棒线虫草 *Ophiocordyceps clavata* (Kobayasi & Shimizu) G. H. Sung, J. M. Sung, Hywel-Jones & Spatafora

简要特征: 子座多个, 从寄主头部、身体长出, 长 1.8~2.3 cm, 圆柱形, 可孕部分棒形、球形,（0.4~0.6）cm×（0.3~0.5）cm, 淡黄色。菌柄（1.2~1.5）cm×（0.1~0.2）cm, 不育顶端（0.3~0.5）cm×（0.1~0.2）cm, 灰白色。子囊壳（500~650）μm×（200~250）μm, 近卵形, 半埋生, 具凸出的子囊壳孔口。子囊（250~300）μm×（5~7）μm, 线形。次生子囊孢子（7.0~10.0）μm×（1.5~2.5）μm, 圆柱形。

生境：寄生于鞘翅目的幼虫上。

研究标本：2021 年 6 月 5 日，DCY3221（HGASMF01-13907）。

经济价值：药用菌。

19. 椿象虫草 *Ophiocordyceps nutans* (Pat.) G. H. Sung, J. M. Sung, Hywel-Jones & Spatafora

简要特征：子座高 3~13 cm，多单生。可孕头部（0.4~1.0）cm×（0.1~0.3）cm，长椭圆形至短圆柱形，橙色。菌柄（3.0~10.0）cm×（0.1~0.2）cm，圆柱形，黑色，有金属光泽。子囊孢子线形，无色，壁薄，光滑，成熟后断裂形成分生孢子。分生孢子（8.0~10.0）μm×（1.4~2.0）μm，短圆柱形。

生境：生于半翅目蝽科昆虫的成虫上。

研究标本：2020 年 8 月 3 日，WM413（HGASMF01-5297）；2021 年 6 月 5 日，DCY3191（HGASMF01-13946）、DCY3239（HGASMF01-13889）；2021 年 7 月 4 日，SZQ404（HGASMF01-14388）。

经济价值：药用菌。

20. 蜂头虫草 *Ophiocordyceps sphecocephala* (Klotzsch ex Berk.) G. H. Sung, J. M. Sung, Hywel-Jones & Spatafora

简要特征：子座单生，从寄主胸部长出，黄色，高约 12 cm，宽 0.5~1.0 mm，可育头部棒状，（1.0~1.5）cm×（0.5~1.1）cm。子囊（150~200）μm×（5~7）μm，近圆柱形，透明，单壁。子囊孢子丝状，易断裂，断裂后的孢子小段（5.0~12.0）μm×（1.0~1.5）μm。

生境：生于胡蜂的成虫上。

研究标本：2021 年 6 月 5 日，DCY3193（HGASMF01–13944）。

经济价值：未知。

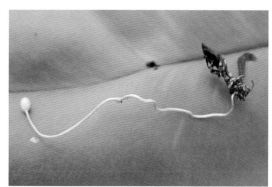

21. 橙黄鳞翅虫草 *Samsoniella aurantia* Mongkols., Noisrip., Thanakitp., Spatafora & Luangsaard

简要特征：子实体于寄主胸部和肛门长出，（25.0~75.0）mm×（1.0~1.5）mm，橙色，分生孢子粉末状附着于分枝子实体上。分生孢子（100~150）μm×（2~3）μm，成串排列，断裂成小节，（2~3）μm×（1~2）μm，光滑。瓶状分生孢子梗（5~9）μm×（2~3）μm，基部圆柱形至椭圆形。

生境：寄生于鳞翅目的幼虫上。

研究标本：2020 年 5 月 16 日，DCY2472（HGASMF01–3957），Genbank 登录号 ITS=MZ146380。

经济价值：药用菌。

22. 爪哇肉杯菌 *Sarcoscypha javensis* Höhn.

简要特征：子囊盘直径3~5 cm，盘状、碗状或侧碗状，边缘光滑，常内卷，表面黄色、橙色，无柄。子实层表面光滑，橙黄色。子囊（200~250）μm×（12~15）μm，圆柱形，具8个子囊孢子，单行排列。子囊孢子（18~22）μm×（9~17）μm，椭圆形，无色，光滑。

生境：生于林中的腐木上。

研究标本：2021年3月13日，DCY3061（HGASMF01-13093）、DCY3062（HGASMF01-13092）；2021年3月14日，DCY3100（HGASMF01-13055）、DCY3102（HGASMF01-13053）、DCY3108（HGASMF01-13047）。

经济价值：未知。

23. 西方肉杯菌 *Sarcoscypha occidentalis* (Schwein.) Sacc.

简要特征：子囊盘直径0.5~2.0 cm，盘状，有柄或无柄。子实层表面鲜红色，外侧白色，具很细的绒毛。菌柄长0.2~1.5 cm，白色，有时偏生。子囊（390~420）μm×（12~15）μm，圆柱形，向基部渐变细，具8个子囊孢子，单行排列。子囊孢子（15~22）μm×（8~12）μm，椭圆形，无色，光滑，有颗粒状内含物。侧丝宽约3 μm，线形，上端稍膨大或分枝，有横隔，毛无色，壁厚，有微小刺。

生境：秋季单生或群生于林中的倒木和腐木上。

研究标本：2019 年 9 月 11 日，FQM78（HGASMF01–1962），Genbank 登录号 ITS=MZ146744，以及 ZJ160（HGASMF01–3306），Genbank 登录号 ITS=MZ146745；2020 年 8 月 4 日，WM428（HGASMF01–5272）；2021 年 3 月 20 日，DCY3116（HGASMF01–13060）。

经济价值：未知。

24. 盾盘菌 *Scutellinia scutellata* (L.) Lambotte

简要特征：子囊盘直径 0.4~1.0 cm，盾状，鲜红色、深红色、橙红色，老后或干燥后变浅色，光滑至有小皱纹，边缘有褐色刚毛，刚毛长 0.1~0.2 cm，硬直，顶端尖，有分隔，壁厚，无柄。子囊（160~200）μm×（10~16）μm，圆柱形。子囊孢子（16~22）μm×（11~15）μm，单行排列，椭圆形至宽椭圆形，成熟后有小疣。

生境：群生于潮湿的腐木上。

研究标本：2021 年 3 月 14 日，DCY3095（HGASMF01–13060）；2021 年 6 月 5 日，DCY3225（HGASMF01–13894）。

经济价值：未知。

25. 窄孢胶陀螺盘菌 *Trichaleurina tenuispora* M. Carbone

简要特征：子囊果（5~8）cm×（3~5）cm，陀螺状，褐色。子实层表面光滑，深褐色。子囊果背面烟褐色，被短绒毛，内部灰白色，胶质化。子囊（400~500）μm×（16~18）μm，具 8 个子囊孢子。子囊孢子（20~25）μm×（8~12）μm，长椭圆形，表面有疣状凸起。

生境：散生于林中的枯枝、腐木上。

研究标本：2021 年 3 月 30 日，DCY2541（HGASMF01–13242），Genbank 登录号 ITS=MZ822976。

经济价值：毒菌。

26. 甚座炭角菌 *Xylaria anisopleura* (Mont.) Fr.

简要特征：子座单生至群生，有柄或无柄，头部近球形、卵形、椭圆形或棒形，长 0.5~2.8 cm，粗 0.2~0.9 cm，表面黑色，子囊壳由于凸起而呈桑葚状，内部白色，充实。菌柄长达 2.2 cm，暗褐色，初期有细毛，后光滑，多皱纹。子囊壳直径 0.8~1.0 mm，近球形，埋生。孔口疣状，其周围凹陷成小圆圈。子囊圆筒形，有孢子部分（160~220）μm × （9~12）μm。子囊孢子（22.0~35.0）μm × （7.5~10.0）μm，单行排列，不等边或微弯曲，初无色并有油点，后暗褐色。

生境：单生或散生于林中的倒木和腐木上。

研究标本：2021 年 8 月 14 日，DCY3352（HGASMF01-15018）。

经济价值：未知。

27. 鳞炭角菌 *Xylaria curta* Fr.

简要特征：子座（1.0~2.0）cm ×（0.4~0.8）cm，棒形，不分枝，顶端钝圆可育，黑色，带灰白色鳞屑。不育菌柄短或退化至缺，光滑，黑色。菌肉内部白色。子囊壳 300~500 μm，近球形，埋生。孔口具黑色的乳状凸起。子囊（100~130）μm ×（6~8）μm，圆柱形，具柄，具 8 个子囊孢子。子囊孢子（9.5~11.5）μm ×（4.5~5.5）μm，椭圆形，光滑，单胞，褐色。

生境：群生于阔叶林中的腐木上。

研究标本：2021 年 3 月 21 日，DCY3118（HGASMF01-13127）；2020 年 4 月 5 日，DCY2469（HGASMF01-3819），Genbank 登录号 ITS=MZ520617。

经济价值：药用菌。

28. 鹿角炭角菌 *Xylaria hypoxylon* (L.) Grev.

简要特征：子座高 3~8 cm，不分枝到分枝较多。柱形或扁平，呈鹿角状，污白色至乳白色，后期呈黑色，基部黑色，并有细绒毛。顶部尖或扁平，呈鸡冠状。子囊壳黑色。

子囊（100~150）μm×（6~8）μm。子囊孢子（11.0~14.0）μm×（4.5~5.7）μm，光滑，无隔。

生境：群生于倒木、腐木和树桩上。

研究标本：2020 年 5 月 17 日，DCY2542（HGASMF01-11912），Genbank 登录号 ITS=MZ520622；2021 年 3 月 20 日，DCY3112（HGASMF01-13133），Genbank 登录号 ITS=MZ413267。

经济价值：药用菌。

29. 斯氏炭角菌 *Xylaria schweinitzii* Berk. & M. A. Curtis

简要特征：子座有柄，群生，椭圆形至棍棒状，（2.8~3.5）cm×（0.5~1.0）cm，表面光滑，深褐色到黑色，有皱纹，内部白色。孢子（26.8~29.5）μm×（8.8~9.7）μm，椭圆形，顶端变细，深褐色，芽缝弯曲。

生境：单生或散生于阔叶林中的腐木上。

研究标本：2020 年 11 月 22 日，DCY2993（HGASMF01-10852）；2021 年 7 月 5 日，SZQ431（HGASMF01-14501），Genbank 登录号 ITS=MZ951109。

经济价值：药用菌。

30. 鳞柄伞 *Agaricus flocculosipes* R. L. Zhao, Desjardin, Guinb. & K. D. Hyde

简要特征：子实体中等至大型。菌盖直径 10~15 cm，幼时扁半球形，后期平展形，浅黄色至棕褐色，表面具细鳞片，菌褶离生，密集，不等长，白色、褐色至黑褐色。菌柄（10.0~16.0）cm×（1.0~1.5）cm，圆柱形，中空，灰白色至淡黄色，基部膨大。菌环白色，单层膜质，易脱落。担子棒状，具 4 个小梗。孢子（4.41~7.64）μm×（2.64~4.57）μm，长椭圆形，光滑，褐色。

生境：单生或群生于林中地上。

研究标本：2019 年 9 月 11 日，FQM85（HGASMF01-1972），Genbank 登录号 ITS= MZ645975。

经济价值：毒菌。

31. 槭生田头菇 *Agrocybe acericola* (Peck) Singer

简要特征：子实体小型至中型。菌盖直径 5~10 cm，扁半球形，深褐色。菌褶延生，浅褐色至黄灰褐色，密集，不等长。菌柄（6.0~11.0）cm×（0.4~1.1）cm，圆柱形，土黄色至浅褐色。菌环生于柄的上部，白色，膜质。孢子（7.0~10.5）μm×（4.0~6.0）μm，椭圆形，褐色。

生境：春夏季散生于阔叶林中地上。

研究标本：2021 年 4 月 8 日，LXL10（HGASMF01-13455），Genbank 登录号 ITS= MZ645964。

经济价值：食用菌。

32. 盘革菌 *Aleurodiscus mirabilis* (Berk. & M. A. Curtis) Höhn.

简要特征：子实体软革质，呈扁平的盘状，长 1~5 cm，宽 0.4~1.0 cm，内卷，具绒毛；子实层表面黄色至浅橘红色或浅粉红色，干燥后呈浅肉色至米黄色或近白色。孢子（20~28）μm×（11~16）μm，椭圆形或不对称橄榄状，表面具细微小刺或凸起，无色。

生境：生于阔叶树的枯枝上。

研究标本：2021 年 4 月 10 日，LXL36（HGASMF01–13431），Genbank 登录号 ITS= MZ823595。

经济价值：药用菌。

33. 红褐色鹅膏 *Amanita rufobrunnescens* W. Q. Deng & T. H. Li

简要特征：子实体小型至中等。菌盖直径 40~60 mm，白色至污白色，伤后变淡红褐色。菌褶离生，密集，白色。菌柄（60~80）mm×（6~8）mm，圆柱形，中生，白色，有鳞片。菌环易脱落，形成鳞片。菌托（30~45）mm×（15~25）mm。孢子（10~12）μm×（5~6）μm，淀粉质。

生境：生于阔叶林中地上。

研究标本：2020 年 10 月 20 日，GH783（HGASMF01–12923）；2021 年 8 月 13 日，DCY3359（HGASMF01–14998）。

经济价值：未知。

34. 白黄小薄孔菌 *Antrodiella albocinnamomea* Y. C. Dai & Niemel

简要特征: 子实体 (20~120) cm × (5~50) cm, 厚 2~8 mm, 一年生, 平伏。孔口表面奶油色至红褐色, 圆形至多角形, 3~5 孔/mm, 边缘薄, 全缘或略呈撕裂状。菌肉厚 0.1~0.5 mm, 奶油色, 软木栓质。菌管直径 2~7 mm, 与菌肉同色。孢子 (3~5) μm × (2~3) μm, 长椭圆形, 无色, 壁薄, 光滑, 非淀粉质, 不嗜蓝。

生境: 生于阔叶树的倒木上。

研究标本: 2021 年 3 月 13 日, DCY3063 (HGASMF01–13091)。

经济价值: 药用菌。

35. 红黄小薄孔菌 *Antrodiella aurantilaeta* (Corner) T. Hatt. & Ryvarden

简要特征：子实体一年生，平伏或形成菌盖。菌盖直径 1~3 cm，橘红色，表面具绒毛，边缘锐。菌孔多角形，1~3 孔/mm，后期不规则齿裂，橘红色。菌肉厚约 1 mm，浅米黄色，上层为绒毛层，柔软，下层较密集，木栓质，两层之间具 1 条褐色线。菌管直径可达 5 mm，与菌肉同色，木栓质。孢子（3.0~3.5）μm ×（1.5~2.0）μm，短圆柱形至椭圆形，无色，壁薄，光滑，非淀粉质，不嗜蓝。

生境：生于多种阔叶树的倒木和储木上。

研究标本：2020 年 1 月 21 日，DCY2982（HGASMF01-10863），Genbank 登录号 ITS=MZ092713。

经济价值：未知。

36. 黄蜜环菌 *Armillaria cepistipes* Velen.

简要特征: 菌盖直径 2~10 cm, 凸镜形至平展形, 黄色, 通常边缘颜色较浅, 表面具黑色鳞片。菌环上位, 纤维状, 白色。菌柄 (7.0~10.0) cm × (0.6~1.0) cm, 圆柱形至棒状, 基部鳞茎状。菌肉薄, 白色。孢子 (7.0~9.0) μm × (4.5~6.5) μm, 椭圆形。担子 (29.0~45.0) μm × (8.5~11.0) μm, 棒状, 具 4 个孢子。褶缘囊状体 (14~35) μm × (6~11) μm, 棒状至锥状, 壁薄至稍厚。

生境: 生于阔叶林中的腐木上。

研究标本: 2020 年 10 月 20 日, GH818 (HGASMF01-10963); 2020 年 12 月 17 日, GH785(HGASMF01-12953), Genbank 登录号 ITS=MZ092711。

经济价值: 食用菌。

37. 硬皮地星 *Astraeus hygrometricus* (Pers.) Morgan

简要特征: 子实体直径 1~3 cm, 球形, 褐色。外包被厚, 分为 3 层, 外层薄而松软, 中层纤维质, 内层软骨质; 成熟时开裂成 7~9 瓣, 裂片呈星状展开, 潮湿时外翻至反卷, 干燥时强烈内卷。内包被直径 1.2~3.0 cm, 薄, 膜质, 球形, 褐色, 成熟时顶部开裂成 1 个孔口。孢子直径 7.5~10.5 μm, 球形, 壁薄, 具疣状或刺状凸起, 褐色。

生境: 散生于阔叶林中地上或林缘空旷地上。

研究标本: 2021 年 3 月 14 日, XC50 (HGASMF01-15240)。

经济价值: 药用菌。

38. 条边杯伞 *Atractosporocybe inornata* (Sowerby) P. Alvarado, G. Moreno & Vizzini

简要特征：子实体小型至中等。菌盖直径 30~60 mm，初半球形，后渐平展，乳白色，成熟后边缘渐变为褐色，表面光滑，边缘波浪状，具明显的条纹。菌肉白色至浅灰褐色。菌褶直生至弯生，褐灰色。菌柄（40~60）mm×（3~5）mm，近柱形，基部稍细，具纵条纹，初内部实心，渐松软。孢子印白色。孢子（7.5~9.0）μm×（3.0~4.0）μm，近椭圆形，无色，光滑。

生境：单生或群生于林中地上。

研究标本：2020 年 10 月 20 日，GH814（HGASMF01–10959），Genbank 登录号 ITS= MZ057794。

经济价值：未知。

39. 藏氏金牛肝 *Aureoboletus zangii* X. F. Shi & P. G. Liu

简要特征: 菌盖直径 3.0~4.5 cm, 平展形, 浅红褐色至橙黄色。菌肉厚 3~4 mm, 柔软, 白色至淡黄白色, 伤后不变色。菌管直径 8~10 mm, 淡黄色至淡黄绿色, 伤后不变色。孔口直径 0.8~1.0 mm, 圆形至多角形。菌柄 (6.0~7.0) cm×(0.3~0.7) cm, 红褐色, 光滑, 有不明显条纹。孢子 (11~12) μm×(4~5) μm, 椭圆形, 光滑, 壁薄。

生境: 生于针阔叶混交林中地上和苔藓上。

研究标本: 2021 年 5 月 22 日, SZQ243 (HGASMF01−13729); 2021 年 8 月 13 日, DCY3324 (HGASMF01−15047)。

经济价值: 未知。

40. 毛木耳 *Auricularia cornea* Ehrenb.

简要特征: 子实体 2~6 cm, 杯状、盘状或贝壳形, 较厚, 棕褐色至黑褐色, 胶质。子实层表面光滑, 深褐色至黑色。不育面中央常收缩成短柄状, 与基质相连, 被绒毛, 暗灰色, 分布较密。孢子 (11.5~13.8) μm×(4.8~6.0) μm, 腊肠形, 无色, 壁薄, 光滑。

生境: 群生于阔叶树的倒木和腐木上。

研究标本: 2020 年 8 月 4 日, WM430 (HGASMF01−5271); 2021 年 3 月 14 日, DCY3106 (HGASMF01−13049); 2021 年 4 月 8 日, LXL26 (HGASMF01−13440); 2021 年 5 月 23 日,

SZQ291（HGASMF01-13744）；2021 年 6 月 4 日，DCY3205（HGASMF01-13915）；2021 年
6 月 5 日，DCY3232（HGASMF01-13897）。

经济价值：食用菌、药用菌，可栽培。

41. 皱木耳 *Auricularia delicata* (Mont. ex Fr.) Henn.

简要特征：子实体新鲜时胶质，不透明，杯状、耳状或盘状，无柄或有短柄，黄棕色至
红棕色，直径 2~5 cm，厚度 0.1~0.3 cm。子实层表面黄褐色，形成网状皱褶。不孕面红棕
色，具密集柔毛。横切面具明显髓层。担子（60~70）μm×（5~6）μm，棒状，3 横隔，偶见
4~5 横隔。孢子（12~15）μm×（5~6）μm，腊肠状，无色，壁薄，光滑。

生境：生于阔叶树的腐木上。

研究标本：2021 年 4 月 7 日，LXL02（HGASMF01-13387）。

经济价值：食用菌、药用菌，可栽培。

42. 烟管菌 *Bjerkandera adusta* (Willd.) P. Karst.

简要特征：子实体一年生，无柄，覆瓦状叠生。菌盖直径2~6 cm，半圆形，乳白色、黄褐色，无环带。孔口表面新鲜时烟灰色，干燥后黑灰色，多角形，6~8孔/mm，边缘薄，全缘。不育边缘明显，乳白色，宽可达4 mm。菌肉厚1~2 mm。菌管直径0.5~1.0 mm，灰色。孢子（3.5~5.0）μm×（2.0~2.8）μm，长椭圆形，无色，壁薄，光滑，非淀粉质，不嗜蓝。

生境：生于阔叶树的活立木和腐木上。

研究标本：2020年11月21日，DCY2989（HGASMF01-10856），Genbank登录号ITS=MZ645958；2021年3月13日，DCY3083（HGASMF01-13070），Genbank登录号ITS=OK021581；2021年3月20日，DCY3115（HGASMF01-13130）。

经济价值：药用菌。

43. 革棉絮干朽菌 *Byssomerulius corium* (Pers.) Parmasto

简要特征：子实体一年生，贴生，平伏，偶尔平伏反卷，奶油色，具微绒毛，韧革质，干燥后粗糙，浅黄色，具环纹，较脆。子实层新鲜时乳白色，干燥后黄锈色，初期光滑，后期具不规则的瘤状凸起，边缘颜色较浅，光滑，宽可达 1 mm。菌肉较薄。孢子（5~6）μm×（2~3）μm，近圆柱形或椭圆形，无色，壁薄，光滑，非淀粉质，不嗜蓝。

生境：生于阔叶树的腐木上。

研究标本：2021 年 4 月 8 日，LXL09（HGASMF01-13380），Genbank 登录号 ITS=MZ645963。

经济价值：药用菌。

44. 角状胶角耳 *Caloccra cornea* (Batsch) Fr.

简要特征：子实体高 5~30 mm，宽 2~4 mm，胶质，光滑，橙黄色，圆柱形，顶端钝圆或稍尖锐，有时略分叉，直立或稍弯曲。孢子印白色至浅黄色。子实层生于表面。孢子（7.8~11.0）μm×（3.0~4.5）μm，椭圆形至长椭圆形，无色，光滑。

生境：夏秋季散生或群生于腐木上。

研究标本：2019 年 9 月 10 日，FQM55（HGASMF01-1922）；2020 年 5 月 16 日，DCY2508（HGASMF01-3925），Genbank 登录号 ITS=MZ666376；2021 年 4 月 7 日，LXL07（HGASMF01-13383）；2021 年 4 月 9 日，LXL57（HGASMF01-13416），Genbank 登录号 ITS=OK021568。

经济价值：未知。

45. 柱状笼头菌 *Clathrus columnatus* Bosc

简要特征: 菌蕾直径 2.0~2.7 cm, 高 2.0~3.1 cm, 白色至灰白色带褐斑, 圆形至卵圆形。成熟时包被从顶部裂开, 在担子果的基部形成菌托, 菌托高达 3 cm, 宽约 3.2 cm, 其中心向上托起形成孢托。孢托高 3.5~5.0 cm, 由 3~5 枚臂状分枝组成, 臂状分枝宽达 1.5 cm, 基部分离, 顶端变尖, 最顶端组织相连, 稍向外弯曲成弧状, 具腔室, 内侧面具横向皱纹或乳头状凸起, 外侧面具纵条纹, 基部淡橙色, 顶部猩红色。孢体橄榄绿色, 黏, 生长于托臂上部的内表面, 有臭味。孢子 (3.8~6.0) μm × (1.5~2.0) μm, 圆柱形至长椭圆形, 光滑, 浅色至淡青绿色。

生境: 单生或散生于林中地上或落叶层上。

研究标本: 2021 年 4 月 9 日, LXL50 (HGASMF01–13423)。

经济价值: 未知。

46. 辛德锁瑚菌 *Clavulina thindii* U. Singh

简要特征: 子实体 (41~66) mm × (30~49) mm, 珊瑚状, 具 4~7 个分枝, 淡紫色, 尖端呈不规则的圆形或者冠状。菌柄 (12~28) mm × (7~12) mm, 白色至灰白色, 光滑。担子 (22~48) μm × (6~10) μm, 近圆柱形至棒状, 有大量的颗粒内含物。孢子 (6.5~8.0) μm × (6.0~7.0) μm, 近球形至宽椭球形, 光滑, 非淀粉质。

生境: 单生或散生于温带针阔叶混交林中地上。

研究标本: 2020 年 10 月 20 日, GH813 (HGASMF01–10958), Genbank 登录号 ITS= MZ413288。

经济价值: 食用菌。

47. 水粉杯伞 *Clitocybe nebularis* (Batsch) P. Kumm

简要特征：菌盖直径 4.5~12.0 cm，初漏斗状，后渐平展，浅灰褐色至污白色，中央色深，边缘光滑。菌肉白色，伤后不变色。菌褶延生，密集，初期白色，后期淡黄色，不等长。菌柄（5.0~10.0）cm×（0.5~1.0）cm，圆柱形，基部稍膨大，污白色。孢子（5.0~7.2）μm×（3.0~4.5）μm，椭圆形，光滑，无色。

生境：生于林中地上。

研究标本：2019 年 9 月 11 日，ZJ154（HGASMF01-3436），Genbank 登录号 ITS= MZ057798；2021 年 4 月 9 日，LXL53（HGASMF01-13420）。

经济价值：食用菌，也有记载该菌为毒菌。

48. 双色拟金钱菌 *Collybiopsis dichroa* (Berk. & M. A. Curtis) R. H. Petersen

简要特征：菌盖直径 1.3~3.7 cm，初凸镜形，边缘稍内卷，成熟后渐平展，边缘具明显皱褶状长条纹，初深棕色至红棕色，成熟后颜色较浅，呈浅红棕色至土黄色。菌肉较薄，白色，无特殊气味，味道柔和。菌褶弯生，白色至浅黄色，边缘光滑。菌柄（1.5~3.5）cm ×（0.2~0.5）cm，近圆柱形，基部渐粗，柔韧，上部与菌盖同色，下部颜色较深，呈橄榄褐色至褐色，表面具短绒毛，中空。孢子印白色至奶油色。担子（20.5~27.0）μm ×（4.2~6.6）μm，棒状至圆柱形。孢子（9.8~11.8）μm ×（3.2~4.4）μm，椭圆形至近梭形，光滑。

生境：群生于阔叶林中的树桩上。

研究标本：2021 年 7 月 5 日，SZQ423（HGASMF01-14509）。

经济价值：未知。

49. 叶生拟金钱菌 *Collybiopsis foliiphila* (A. K. Dutta, K. Acharya & Antonín) R. H. Petersen

简要特征：菌盖直径 0.6~1.2 cm，凸镜形至平展形，中央凹陷，表面具白色粉末，乳白色、灰黄色至土黄色。菌褶宽 2~3 mm，直生，乳白色，略带黄褐色或黑色斑点。菌柄（1.5~2.9）cm×（0.3~0.5）cm，中生，稍弯曲，表面具白色粉末，灰黄色至浅褐色。孢子（7.5~8.5）μm×（2.5~3.7）μm，长椭圆形，透明。

生境：生于林中的枯叶上。

研究标本：2019 年 9 月 11 日，ZJ148（HGASMF01-3309），Genbank 登录号 ITS=MZ129018；2021 年 6 月 4 日，DCY3188（HGASMF01-13949）。

经济价值：未知。

50. 肉桂集毛孔菌 *Coltricia cinnamomea* (Jacq.) Murrill

简要特征：菌盖直径可达 4 cm，漏斗状，表面具不明显的同心环纹，被短绒毛，褐色至深红褐色，边缘薄，干燥后反卷，常与相邻的几个连生。菌肉较薄，锈褐色，韧革质。菌管直径可达 2 mm，红褐色，干燥后脆质，易碎。孔口多角形，表面浅黄褐色、锈褐色至深褐色，2 孔/mm。菌柄长度可达 4 cm，直径可达 0.3 cm，黄褐色至红褐色，软木栓质，密被短

绒毛，有时相邻几个菌柄基部连生。孢子（7.0~8.8）μm×（5.5~6.5）μm，宽椭圆形，壁厚，光滑。

生境：群生或连生于阔叶林中地上。

研究标本：2019 年 8 月 17 日，DCY2029（HGASMF01-3565）。

经济价值：未知。

51. 近柱囊小鳞伞 *Conocybe utricystidiata* (Enderle & H.-J. Hübner) Somhorst

简要特征：菌盖直径 0.8~1.5 cm，凸镜形至近圆锥形，黄褐色，表面光滑。菌褶 1~3 mm，近直生，不等长，稍密集，奶油黄色至黄褐色。菌肉薄，无明显气味。菌环上位，膜质，可移动，幼时奶油色，后暗黄色至棕色。菌柄（4.0~7.0）cm×（0.2~0.3）cm，近圆柱形，中空，易碎，基部膨大，表面具白色粉霜，初期淡黄白色，后黄褐色至褐色。孢子（9.0~12.0）μm×（4.5~6.0）μm，长椭圆形，黄褐色至赭褐色，壁厚，光滑，具萌发孔，内部有油滴。

生境：秋季散生于林地边缘的草地上。

研究标本：2021 年 3 月 13 日，DCY3059（HGASMF01-13095），Genbank 登录号 ITS=MZ823529；2021 年 3 月 14 日，DCY3103（HGASMF01-13052）。

经济价值：食用菌、药用菌。

52. 白假鬼伞 *Coprinellus disseminatus* (Pers.) J. E. Lange

简要特征: 菌盖直径 3~10 mm, 钟形至凸镜形, 具紫灰色毛。菌肉极薄。菌褶直生, 宽约 2 mm, 白色, 不等长, 中度密集。菌柄（12.0~30.0）mm×（0.5~1.0）mm, 圆柱形, 白色, 无毛, 半透明状, 根部菌丝白色。孢子（7.0~8.0）μm×（3.5~4.5）μm, 椭圆形, 褐色, 光滑。

生境: 群生于林中的腐木上。

研究标本: 2018 年 5 月 5 日, 2018-8（HGASMF01-15237）。

经济价值: 毒菌。

53. 墨汁拟鬼伞 *Coprinopsis atramentaria* Redhead

简要特征: 菌盖直径 3.5~8.5 cm, 初卵圆形, 后钟形至圆锥形, 老时液化成墨汁状汁液, 有褐色鳞片, 边缘近光滑。菌肉薄, 白色。菌褶弯生, 密集, 不等长, 初白色, 后液化成黑色。菌柄（3.5~8.5）cm×（0.6~1.2）cm, 近圆柱形, 向下渐粗, 白色, 表面光滑或有纤维状小鳞片，空心。孢子（7.5~10.0）μm×（5.0~6.0）μm，椭圆形，光滑，褐色，具明显的芽孔。

生境：丛生于林中空旷处的腐木上。

研究标本：2021 年 3 月 20 日，DCY3094（HGASMF01-13061），Genbank 登录号 ITS=MZ645972。

经济价值：幼时可作食用菌。因老时有毒，建议不食。

54. 丝膜拟鬼伞 *Coprinopsis cortinata* (J. E. Lange) Gminder

简要特征：菌盖直径 4~6 cm，卵圆形至圆锥形，被白色鳞片，形成纵向条纹。菌肉薄，白色。菌褶弯生，密集，不等长，初白色，后液化成黑色。菌柄（3.0~5.0）cm×（0.2~0.4）cm，近圆柱形，白色，表面有白色细小鳞片，空心。孢子（8.0~10.0）μm×（5.0~5.5）μm，椭圆形，光滑，褐色，具明显的芽孔。

生境：丛生于林中空旷处的腐木上。

研究标本：2021 年 3 月 20 日，DCY3110（HGASMF01-13134），Genbank 登录号 ITS=MZ413120。

经济价值：未知。

55. 白绒拟鬼伞 *Coprinopsis lagopus* (Fr.) Redhead

简要特征：菌盖直径 2~3 cm，幼时圆锥形，后渐平展，灰白色，被白色粉末，具辐射状褶纹，边缘撕裂。菌肉白色，薄。菌褶直生，等长，初白色，后液化成黑色。菌柄（5~11）mm×（1~2）mm，圆柱形，向下渐粗，白色，被丛毛状小鳞片，空心。孢子（9~12）μm×（6~7）μm，椭圆形，光滑，黑褐色。

生境：生于腐朽的稻草堆和草地上。

研究标本：2019 年 9 月 11 日，ZJ141（HGASMF01-1952），Genbank 登录号 ITS=MZ057797，以及 ZJ159（HGASMF01-1973），Genbank 登录号 ITS=MZ823624；2020 年 5 月 17 日，DCY2543（HGASMF01-13235），Genbank 登录号 ITS=MZ820864。

经济价值：药用菌。

56. 双色鬼伞 *Coprinopsis urticocola* (Berk. & Broome) Redhead, Vilgalys & Moncalvo

简要特征：菌盖直径 2~7 cm，初卵圆形，后钟形至圆锥形，老时液化成墨汁状汁液，具褐色鳞片。菌肉薄，白色。菌褶弯生，密集，不等长，初白色，后液化成黑色。菌柄（30.0~50.0）mm×（0.5~1.0）mm，近圆柱形，向下渐粗，白色，表面光滑或有纤维状小鳞片，空心。孢子（5.5~9.0）μm×（4.5~6.0）μm，椭圆形，光滑，褐色，具明显的芽孔。

生境：丛生于林中空旷处的腐木上。

研究标本：2021 年 6 月 5 日，DCY3196（HGASMF01-13941）。

经济价值：未知。

57. 白喇叭菌 *Craterellus albidus* Chun. Y. Deng et al.

简要特征：子实体高 0.5~1.5 cm，白色，鸡油菌状。菌盖直径 0.5~1.2 cm，白色，边缘内卷，光滑。子实层光滑至近光滑。菌柄（0.5~1.0）cm×（0.2~0.5）cm，近圆柱形，向基部渐细。孢子（7.8~11.0）μm×（6.1~8.2）μm，椭圆形，光滑，无色。

生境：群生于壳斗科等的阔叶林中地上。

研究标本：2019 年 8 月 17 日，DCY2044（HGASMF01-3581），Genbank 登录号 nrLSU=MT921161、ITS=MW031159。

经济价值：食用菌。

58. 平盖靴耳 *Crepidotus applanatus* (Pers.) P. Kumm.

简要特征：菌盖直径 1~4 cm，肾形、扇形至近半圆形，初白色，后浅褐色，扁平，表面光滑，湿时呈水浸状，具细条纹，干燥后边缘内卷。菌肉薄，白色。菌褶延生，较密集，不等长，初白色，后浅褐色。无菌柄或具短柄。孢子（4.5~7.0）μm×（4.5~6.5）μm，球形、近球形至宽椭圆形，密生细小刺，褐色。

生境：群生于阔叶树的腐木和倒木上。

研究标本：2018 年 5 月 5 日，2018-25（HGASMF01-15631），Genbank 登录号 ITS=MZ648447；2020 年 5 月 17 日，DCY2538（HGASMF01-11911），Genbank 登录号 ITS=MZ413059；2021 年 5 月 23 日，SZQ264（HGASMF01-13707）。

经济价值：食用菌。

59. 黄色靴耳 *Crepidotus lutescens* T. Bau & Y. P. Ge

简要特征: 菌盖直径 1.7~2.2 mm, 扇形至匙形, 黄色, 无毛, 边缘纹状。菌褶直生, 不等长, 白色。菌柄 (1.2~1.7) mm × (0.1~0.5) mm, 圆柱形, 偏生, 被绒毛。担子 (20.0~26.0) μm × (5.2~9.0) μm, 棒状, 具 4~8 个孢子。孢子 (7.8~10.4) μm × (5.2~6.8) μm, 椭圆形。侧生囊状体 (35~40) μm × (6~10) μm, 褶缘囊状体 (30~35) μm × (12~19) μm, 梭形。

生境: 生于阔叶林中的腐木上。

研究标本: 2018 年 5 月 5 日, 2018-7 (HGASMF01-15238)。

经济价值: 未知。

60. 软靴耳 *Crepidotus mollis* (Schaeff.) Staude

简要特征: 子实体小。菌盖直径 1~5 cm, 半圆形至扇形, 水浸后半透明, 黏, 纯白色, 光滑, 基部有毛, 初期边缘内卷。菌肉薄。菌褶稍密集, 延生, 初白色, 后变为褐色。孢子(7.5~10.0)μm×(4.5~6.0)μm, 椭圆形或卵形, 淡锈色。褶缘囊状体(35~45)μm×(3~6)μm, 柱形或近线形, 无色。

生境: 群生于林中的腐木上。

研究标本: 2021 年 5 月 23 日, SZQ325(HGASMF01–13785)、SZQ326(HGASMF01–13784); 2021 年 6 月 5 日, DCY3206(HGASMF01–13923)。

经济价值: 食用菌。

61. 硫黄靴耳 *Crepidotus sulphurinus* Imazeki & Toki

简要特征: 菌盖直径 0.5~1.0 cm, 扇形至贝壳形, 硫黄色, 基部被细小毛状鳞片, 边缘波状或向下卷。菌肉薄, 黄色。菌褶稍稀疏, 黄褐色至锈褐色。菌柄侧生, 极短。孢子(9~10)μm×(8~9)μm, 球形至近球形, 有小疣, 淡锈色。

生境: 夏秋季生于林中的腐木上。

研究标本: 2020 年 11 月 22 日, GH767(HGASMF01–12259); 2021 年 4 月 8 日, LXL28(HGASMF01–13439)。

经济价值: 食用菌。

62. 毛皮伞 *Crinipellis scabella* (Alb. & Schwein.) Murrill

简要特征：菌盖直径 0.3~1.5 cm，凸镜形，具放射状褐色至红褐色的纤毛，中央色深。菌肉白色，薄。菌褶直生，稀疏，不等长，白色，边缘平整。菌柄（0.5~3.0）mm ×（1.0~1.5）mm，圆柱形，棕褐色，表面被纤细绒毛。孢子（8.5~9.5）μm ×（4.5~6.0）μm，宽椭圆形至长圆形，光滑，无色，非淀粉质。

生境：散生于阔叶林中的腐殖质上。

研究标本：2018 年 5 月 5 日，2018-14（HGASMF01-15242）。

经济价值：食用菌。

63. 橙拱顶伞 *Cuphophyllus aurantius* (Murrill) Lodge, K. W. Hughes & Lickey

简要特征：菌盖直径 1.0~1.9 cm，平展形，表面干燥，光滑，橙色、橙黄色至橙棕色。菌褶宽约 0.5 mm，直生至稍延生，不等长，近柄处少有分叉，较脆、易碎，边缘光滑。菌柄（2.0~6.0）cm ×（0.2~0.4）cm，圆柱形，脆骨质，中空，橙黄色，表面光滑。担子（25.6~41.5）μm ×（4.3~6.2）μm，棒状，具 2~4 个小梗。孢子（4.3~5.0）μm ×（3.2~4.0）μm，球形、近球形至椭圆形，无色，透明，壁薄，淀粉样，在氢氧化钾（KOH）溶液中呈滴状。

生境：单生或散生于针阔叶混交林中地上。

研究标本：2021 年 4 月 8 日，LXL51（HGASMF01-13422）。

经济价值：未知。

64. 粗糙金褴伞 *Cyptotrama asprata* (Berk.) Redhead & Ginns

简要特征：菌盖直径 1~4 cm，凸镜形至平展形，白色、奶油白色至黄色，具鳞片。菌肉薄，白色，气味不明显。菌褶直生，不等长，白色。菌柄（1.5~6.0）cm×（0.2~0.5）cm，圆柱形，基部膨大，空心，黄白色，具绒毛。孢子（7.0~10.0）μm×（4.5~7.5）μm，宽椭圆形，无色，透明，非淀粉质。担子（28~60）μm×（6~8）μm，棒形，具 4 个孢子。囊状体（50~90）μm×（9~16）μm，梭形。

生境：生于林中的腐木上。

研究标本：2018 年 5 月 5 日，2018-11（HGASMF01-14015），Genbank 登录号 ITS= MZ420498；2019 年 9 月 11 日，ZJ171（HGASMF01-1991），Genbank 登录号 ITS= MZ420499；2020 年 5 月 16 日，DCY2492（HGASMF01-3940）；

经济价值：未知。

65. 裂拟迷孔菌 *Daedaleopsis confragosa* (Bolton) J. Schröt.

简要特征: 子实体一年生,覆瓦状叠生,木栓质。菌盖(4~10)cm×(3~7)cm,半圆形至贝壳形,中央厚 1.0~2.5 cm,浅黄色至褐色,具同心环带和放射状纵条纹,偶具疣状凸起,边缘锐。孔口表面奶油色至浅黄褐色,近圆形、长方形、迷宫状或齿裂状,1 孔/mm,锯齿状。有不育边缘。菌肉 0.8~1.0 cm,浅黄褐色。菌管与菌肉同色,长可达 10 mm。孢子(6.0~8.0)μm×(1.5~2.0)μm,圆柱形,无色,壁薄,光滑,非淀粉质,不嗜蓝。

生境: 生于阔叶树的活立木和倒木上。

研究标本: 2019 年 9 月 11 日,ZJ156(HGASMF01−3313),Genbank 登录号 ITS=MZ413286。

经济价值: 药用菌。

66. 晶盖粉褶菌 *Entoloma clypeatum* (L.) P. Kumm.

简要特征: 菌盖直径 2~4 cm,钟形至平展形,脐状凸起明显或不明显,褐色,表面光滑。菌褶宽约 5 mm,近直生,中等密集,不等长,粉褐色。菌柄(4.0~8.0)cm×(0.5~1.0)cm,中生,圆柱形,浅褐色。菌肉白色,较厚实,气味和味道不明显。孢子(9~11)μm×(8~10)μm,球状多角形。

生境: 群生于阔叶林或竹林中地上。

研究标本: 2021 年 3 月 14 日,DCY3105(HGASMF01−13050),Genbank 登录号 ITS=MZ645974。

经济价值: 食用菌。

67. 靴耳状粉褶菌 *Entoloma crepidotoides* W. Q. Deng & T. H. Li

简要特征：菌盖直径 5~15 mm，扇形至贝壳形，边缘稍内卷，初白色，成熟后变粉色，老后局部变暗红色，被白色细绒毛。菌肉极薄。菌褶直生至短延生，不等长，初白色，后变为粉色。菌柄无，或存在白色、侧生、具短绒毛的菌柄。孢子（7.0~9.0）μm×（5.5~7.0）μm，椭圆形至宽椭圆形。

生境：散生或群生于针阔叶混交林中地上或苔藓上。

研究标本：2018 年 5 月 5 日，2018-19（HGASMF01-14018）；2021 年 4 月 10 日，LXL67（HGASMF01-13406）。

经济价值：未知。

68. 脆柄粉褶菌 *Entoloma fragilipes* Corner & E. Horak

简要特征：子实体较小。菌盖直径 2.0~3.5 cm，肉质，污白色至浅灰色，中央色深，平展形，中央稍凸。菌肉白色，小，易变色。菌褶白色至粉红色，弯生。菌柄（4.5~7.0）cm×（0.3~1.2）cm，中生，乳白色，光滑，内部较松软。孢子（5.5~7.0）μm×（5.0~6.5）μm，无色，近五角形至卵圆形。

生境：单生或散生于阔叶林中地上。

研究标本：2019 年 8 月 17 日，DCY2024（HGASMF01-3378）。

经济价值：未知。

69. 黑耳 *Exidia glandulosa* (Bull.) Fr.

简要特征：子实体直径 1.5~3.5 cm，胶质，初期为瘤状凸起，后贴生，彼此联合，表面具小的疣状凸起，黑色。菌丝具锁状联合。原担子近球形，成熟后下担子卵形，呈"十"字形分隔，上担子圆筒形。孢子（12~14）μm×（4~5）μm，腊肠形，萌发后产生再生孢子或萌发管。

生境：群生于阔叶林中的倒木和腐木上。

研究标本：2021 年 3 月 11 日，DCY3073（HGASMF01-13082），Genbank 登录号 ITS=MZ645969；2021 年 4 月 8 日，①LXL01（HGASMF01-13388），Genbank 登录号 ITS=MZ645962，②LXL16（HGASMF01-13451）；2021 年 4 月 10 日，LXL62（HGASMF01-13411）。

经济价值：毒菌。

70. 葡萄状黑耳 *Exidia uvapassa* Lloyd

简要特征：子实体高 0.5~1.0 cm，直径 2~4 cm，胶质，陀螺形、近盘形至平展形，黄棕色、淡棕色、芥末棕色、棕色、深棕色至红棕色，表面有皱褶或呈波浪状，具丰富的乳状凸起；不育面无毛，光滑，常有棕色鳞片状斑点，与子实层同色。担子［13.5~25.0（~30.0）］μm×（8.0~13.0）μm，初近圆形至棒状，后变成倒卵形或椭圆形，有时近球形，第 2~4 段由纵向到稍倾斜的隔膜隔开。担孢子（11.5~18.0）μm×（3.5~6.0）μm，椭圆状至肾状或尿囊状，多弯曲、透明。

生境：群生于阔叶林中的倒木或腐木上。

研究标本：2021 年 5 月 23 日，SZQ292（HGASMF01-13743）。

经济价值：未知。

71. 杏黄胶孔菌 *Favolaschia calocera* R. Heim

简要特征：菌盖直径 3~10 mm，扇形，稍凸至平展，边缘锯齿状，表面圆顶网状，亮黄色。菌肉薄。子实层与菌盖同色，孔状，多边形至椭圆形，1~2 孔/mm，孔向边缘逐渐减小，内部光滑。菌柄（3~5）mm×（1~2）mm，侧生，圆柱形，黄色。担子（38~40）μm×（7~10）μm，棒状，具 2~3 个孢子。孢子（11~12）μm×（7~8）μm，宽椭圆形。

生境：群生于枯枝和腐木上。

研究标本：2019 年 9 月 10 日，①FQM55（HGASMF01-1922），Genbank 登录号 ITS=MZ666376，②ZJ150（HGASMF01-1959），Genbank 登录号 ITS=MZ413284；2020 年 3 月 17 日，DCY3057（HGASMF01-13097）；2020 年 5 月 16 日，DCY2461（HGASMF01-3968），

Genbank 登录号 ITS=MZ412975；2021 年 4 月 7 日，LXL13（HGASMF01–13454）；2021 年 6 月 4 日，DCY3189（HGASMF01–13947）。

经济价值：未知。

72. 松生拟层孔菌 *Fomitopsis pinicola* (Sw.) P. Karst.

简要特征：菌盖直径约 40 cm，厚达 10 cm，半圆形、扇形或蹄形，凸面，光滑，成熟后皱纹增多，表面似乎涂了漆，红色至红褐色，附着点颜色较深，棕色或棕褐色，边缘白色至黄色。子实层宽达 8 mm，多孔，奶油色，3~6 孔/mm。无菌柄。菌肉白色，坚韧，革质至木质，具霉味。孢子（6.0~9.0）μm×（3.5~4.5）μm，圆柱形，非淀粉质，光滑。

生境：单生或群生于针叶树、阔叶树及白桦、白杨的腐木和活木上。

研究标本：2018 年 5 月 5 日，2018–33（HGASMF01–15243）。

经济价值：药用菌。

73. 杨树桑黄 *Fuscoporia gilva* (Schwein.) Pat.

简要特征：子实体多年生，覆瓦状叠生。菌盖（15~75）mm×（10~35）mm，半圆形至扇形，褐色，表面有同心环纹。菌肉厚，褐色，遇氢氧化钾（KOH）溶液变红褐色至黑色。菌管直径 1~5 mm，褐色。孔口圆形，6~8 孔/mm。孢子（4.0~5.0）μm×（3.0~3.5）μm，宽椭圆形，褐色。

生境：生于多种阔叶树的活立木、倒木和树桩上。

研究标本：2020 年 11 月 21 日，DCY2965（HGASMF01-10880）、DCY2978（HGASMF01-10867）；2020 年 12 月 17 日，GH793（HGASMF01-11858），Genbank 登录号 ITS=MZ420496。

经济价值：药用菌，可人工栽培。

74. 青灰盔盖伞 *Galerina fallax* A. H. Sm. & Singer

简要特征：菌盖直径 0.6~1.2 cm，圆锥形，黄褐色，光滑，有放射状条纹。菌肉薄。菌褶直生，稀疏，全缘，黄褐色。菌柄（2.5~3.0）cm×（0.7~1.3）cm，圆柱形，红褐色，上部表面被微小的与菌盖同色的纤毛，下部暗红褐色，空心。孢子（9.0~12.0）μm×（5.5~7.0）μm，长椭圆形，表面具细疣，脐上区光滑，无芽孔，表面具麻点，锈褐色，非淀粉质。

生境：散生于针阔叶混交林中的苔藓或苔藓覆盖的腐木上。

研究标本：2021 年 3 月 14 日，DCY3089（HGASMF01-13066），Genbank 登录号 ITS=OK021582。

经济价值：毒菌。

75. 树舌灵芝 *Ganoderma applanatum* (Pers.) Pat.

简要特征：子实体多年生，无柄，单生或覆瓦
状叠生，木栓质。菌盖（10~20）cm×（8~15）cm，
半圆形，厚5~9 cm，褐色，具明显的环沟和环带，
边缘色浅。孔口表面灰白色至淡褐色，圆形，4~
7孔/mm，边缘厚，全缘。菌肉厚2~5 cm，褐色。
孢子（6.0~8.5）μm×（4.5~6.0）μm，卵圆形，顶
端平截，淡褐色，双层壁，外壁无色、光滑，内壁
具小刺。

生境：生于多种阔叶树的活立木、倒木和腐
木上。

研究标本：2019年8月17日，DCY2038（HGASMF01-3574），Genbank登录号ITS=
MZ645966；2019年9月11日，ZJ168（HGASMF01-1988），Genbank登录号ITS=MZ823626；
2020年5月17日，DCY2536（HGASMF01-11916），Genbank登录号ITS=MZ645967。

经济价值：药用菌，可人工栽培。

76. 有柄灵芝 *Ganoderma gibbosum* (Blume & T. Nees) Pat.

简要特征：子实体多年生，具侧生柄，木栓质。菌盖（6~15）cm×（7~10）cm，近圆形，厚 2.0~3.5 cm，表面具皮壳，褐色，具明显的同心环纹和环沟。菌管直径 0.8~1.0 cm。孔口奶油色至浅黄绿色，圆形，3~5 孔/mm，边缘薄。不育边缘明显，奶油色。菌肉异质，上层浅褐色，下层褐色，具黑色骨质夹层。菌柄（3.0~7.0）cm×（1.0~2.5）cm，与菌盖同色，具瘤状凸起。孢子（7.0~9.0）μm×（6.5~8.0）μm，卵圆形，顶端平截，外壁无色，内壁浅黄色至橙黄色，遍布小刺，非淀粉质，嗜蓝。

生境：单生于阔叶树的树桩上。

研究标本：2020 年 9 月 11 日，ZJ168（HGASMF01-1988）；2021 年 3 月 20 日，DCY3111（HGASMF01-14014），Genbank 登录号 ITS=MZ413055。

经济价值：药用菌，可人工栽培。

77. 袋形地星 *Geastrum saccatum* Fr.

简要特征：子实体较小，直径 1~3 cm，扁球形至近球形，顶部呈喙状，基部具根状菌索。外包被污白色至深褐色，具不规则皱纹、纵裂纹，并生有绒毛，成熟后开裂成 5~8 片裂瓣，肉质，较厚。内包被扁球形，深陷于外包被中，顶部呈近圆锥形，产孢组织中有囊轴。孢子直径 3~4 μm，近球形，褐色，具疣状凸起，稍粗糙。

生境：生于阔叶林和针阔叶混交林中地上。

研究标本：2018 年 5 月 16 日，2018-77（HGASMF01-14012），Genbank 登录号 ITS=MZ412976；2020 年 8 月 3 日，WM409（HGASMF01-5284）。

经济价值：药用菌。

78. 库鲁瓦老伞 *Gerronema kuruvense* K. P. D. Latha & Manim.

简要特征：菌盖直径 4~16 cm，凸镜形至平展形，浅黄绿色，具长短不一的沟纹。菌肉薄，白色。菌褶近延生，与盖同色，窄，稀疏。菌柄（5.0~12.0）cm×（0.1~0.3）cm，圆柱形，浅黄色，半透明，基部略膨大。孢子（6.0~10.5）μm×（4.0~6.5）μm，椭圆形，光滑，非淀粉质。

生境：单生、散生或群生于阔叶林中和针叶树的枯木上。

研究标本：2021 年 8 月 14 日，DCY3362（HGASMF01-15010），Cenbank 登录号 ITS=MZ951144。

经济价值：未知。

79. 陀螺老伞 *Gerronema strombodes* (Berk. & Mont.) Singer

简要特征：菌盖直径 2.5~6.0 cm，浅漏斗状，浅黄色，边缘呈波浪状。菌肉薄，白色。菌褶延生，白色，通常分叉。菌柄（3.0~5.0）cm×（0.8~1.5）cm，圆柱形，浅黄色，被细绒毛。孢子（6.0~8.5）μm×（4.2~5.6）μm，椭圆形，光滑，非淀粉质。

生境：单生、散生或群生于阔叶林中和针叶树的枯木上。

研究标本：2020 年 5 月 16 日，DCY2474（HGASMF01-3955），Genbank 登录号 ITS= MZ648450。

经济价值：未知。

80. 近棒状老伞 *Gerronema subclavatum* (Peck) Singer ex Redhead

简要特征：菌盖直径 2~3 cm，浅漏斗状，黄色，边缘光滑。菌肉薄，黄色。菌褶延生，浅黄色，通常分叉。菌柄（4.0~7.0）cm×（0.8~1.0）cm，圆柱形，黄色，被细绒毛。孢子（6.0~8.0）μm×（4.0~4.5）μm，椭圆形，光滑，非淀粉质。

生境：群生于林中的腐木上。

研究标本：2020 年 5 月 17 日，DCY2534（HGASMF01-11902），Genbank 登录号 ITS= MZ413058。

经济价值：未知。

81. 点地梅裸脚伞 *Gymnopus androsaceus* (L.) Della Magg. & Trassin

简要特征：菌盖直径 0.5~1.5 cm，半球形、凸镜形至平展形，中央稍下陷成脐状，具放射状沟纹，褐色，光滑。菌肉薄，奶油色。菌褶直生，稍稀疏，不等长，窄，污白色至浅杏黄色，后期变暗。菌柄（2.0~3.0）cm×（0.3~1.0）cm，圆柱形，黑褐色，常具细长菌索。孢子（5.0~8.5）μm×（3.0~4.5）μm，长椭圆形，无色，光滑，非淀粉质。

生境：群生于林中的腐木上。

研究标本：2021 年 4 月 8 日，LXL24（HGASMF01-13443），Genbank 登录号 ITS=MZ645965；2021 年 5 月 22 日，SZQ250（HGASMF01-13720）。

经济价值：药用菌。

82. 栎裸脚伞 *Gymnopus dryophilus* (Bull.) Murrill

简要特征：菌盖直径 2~7 cm，凸镜形至平展形，褐色。菌肉白色。菌褶离生，密集，污白色至浅黄色，不等长，褶缘光滑。菌柄（3.0~7.0）cm×（0.2~0.4）cm，圆柱形，黄褐色。孢子（4.3~6.3）mm×（0.3~5.0）mm，椭圆形，光滑，无色，非淀粉质。

生境：群生于林中的腐殖质上。

研究标本：2019 年 9 月 10 日，ZJ139（HGASMF01–1949），Genbank 登录号 ITS= MZ068165；2019 年 9 月 17 日，ZJ172（HGASMF01–1998）；2021 年 4 月 9 日，LXL48（HGASMF01–13425）。

经济价值：食用菌。

83. 微茸裸脚菇 *Gymnopus subnudus* (Ellis ex Peck) Halling

简要特征：菌盖直径 0.7~3.0 cm，平展形，后中央稍凹陷，褐色、红褐色至深褐色。菌肉极薄，白色至褐色。菌褶延生，白色，成熟后变为浅褐色。菌柄（25~67）mm×（2~5）mm，浅黄色，基部颜色较深，后变为暗褐色。孢子印乳白色。孢子（7.5~10.0）μm×（3.0~4.5）μm，卵圆形至椭圆形，光滑。

生境：散生或群生于针阔叶混交林中的枯枝和落叶上。

研究标本：2019 年 9 月 10 日，ZJ134（HGASMF01–1943），Genbank 登录号 ITS=MZ068162。

经济价值：未知。

84. 褐圆孔牛肝菌 *Gyroporus castaneus* (Bull.) Quél.

简要特征：菌盖直径 3~6 cm，扁半球形至平展形，褐色、红褐色至暗肉桂色，中央颜色较深，成熟后表皮龟裂。菌肉白色，伤后不变色。菌管近离生，白色至米色，成熟后污黄色。菌柄（50~90）mm ×（5~9）mm，近圆柱形，与菌盖表面同色，偏生，中空。孢子（8.5~12.0）μm ×（5.0~6.5）μm，椭圆形至宽椭圆形，光滑，近无色。

生境：夏秋季生于针叶林或针阔叶混交林中地上。

研究标本：2021 年 7 月 5 日，SZQ420（HGASMF01–14512）。

经济价值：食用菌、药用菌。

85. 铅色短孢牛肝菌 *Gyrodon lividus* (Bull.) Sacc.

简要特征：菌盖直径 30~80 mm，半圆形，后近平展形，表面干燥，微被绒毛，幼时尤甚，成熟后渐变光滑，灰褐色至茶褐色，边缘内卷。菌肉近黄白色，伤后变蓝色至蓝黑色。菌管延生，幼时灰白色至淡黄灰色，老后青褐色。管口大小不等。菌柄（30~50）mm×（5~10）mm，圆柱形，内部实心，与菌盖同色或稍浅。孢子（5.0~6.0）μm×（3.0~3.5）μm，近球形至卵圆形，带黄色。

生境：单生或散生于阔叶林中地上。

研究标本：2019 年 8 月 16 日，78757（HGASMF01-14977）。

经济价值：食用菌。

86. 中国刺皮耳 *Heterochaete sinensis* Teng

简要特征：担子果革质，平伏，厚 150~300 μm，初期圆形，直径 1~4 mm，后相互连接，长可达 13 cm，宽可达 3 cm，易剥落，新鲜时灰白色、米黄色至淡褐色，干燥后变成浅褐色。刺柱（120~200）μm×（28~51）μm，散生，圆柱形，与子实层同色同形。子实层下层亮黄褐色至褐色。原担子（14~20）μm×（8~10）μm，倒卵形至近棒状，下担子具 4 个细胞，上担子圆筒形。孢子（9.0~12.5）μm×（5.0~6.0）μm，肾形至近腊肠形，萌发时产生再生孢子或萌发管。

生境：群生于阔叶树的枯枝上。

研究标本：2020 年 11 月 21 日，DCY2970（HGASMF01-10875）。

经济价值：未知。

87. 裘氏厚囊牛肝菌 *Hourangia cheoi* (W. F. Chiu) Xue T. Zhu & Zhu L. Yang

简要特征：子实体小型至中型。菌盖直径 3~7 cm，初时半球形，后平展形，被棕色鳞片，伤后变蓝色或红色，最后变成褐色至黑色。菌管为复合孔，有角，直径 0.1~0.2 cm，长 0.7~1.2 cm，伤后变蓝色。菌柄（2.0~8.0）cm×（0.3~1.2）cm，棍棒状，向下扩大，表面黄棕色至褐色。担子（27~40）μm×（9~11）μm，棒状，具 4 个小梗。孢子（10.0~12.5）μm×（4.0~4.5）μm，褐黄色，非淀粉质，表面具杆状纹饰。

生境：单生或群生于针阔叶混交林中地上。

研究标本：2021 年 6 月 5 日，DCY3208（HGASMF01–13921）。

经济价值：毒菌。

88. 针毛锈齿革菌 *Hydnoporia tabacinoides* (Yasuda) Miettinen & K. H. Larss.

简要特征：子实体一年生，平伏至反卷或盖形，覆瓦状叠生，革质，平伏时长可达 80 cm，宽可达 5 cm，厚可达 5 mm，表面褐色，被厚绒毛，具同心环区，边缘锐，金黄色，波状，有时呈撕裂状，干燥后内卷。子实层褐色，明显齿状或半褶状，有时褶状。菌褶排列稀疏，呈齿状放射排列，长可达 4 mm，1~2 齿/mm。孢子（4.4~5.5）μm×（1.5~1.9）μm，圆柱形，无色，壁薄，光滑，非淀粉质。

生境：生于阔叶树的倒木上。

研究标本：2020 年 11 月 21 日，DCY2977（HGASMF01-10868），Genbank 登录号 ITS=MZ645960；2021 年 3 月 13 日，DCY3076（HGASMF01-13087），Genbank 登录号 ITS=MZ645970，以及 DCY3077（HGASMF01-13078），Genbank 登录号 ITS=MZ645971。

经济价值：食用菌。

89. 朱红湿伞 *Hygrocybe miniata* (Fr.) P. Kumm.

简要特征：菌盖直径 2~4 cm，初扁半球形，后渐平展至中央稍下凹成脐状，红色、橘红色至朱红色，表面光滑或具纤细毛鳞片，老后边缘稍开裂。菌肉薄，淡黄色。菌褶直生至近延生，黄色至橙黄色。菌柄（10~60）mm×（2~5）mm，基部稍细，黄色至橘黄色，光滑，初内部实心，后中空。孢子（6.5~9.0）μm×（4.5~6.0）μm，椭圆形，无色，光滑。

生境：生于阔叶林中地上。

研究标本：2018 年 5 月 5 日，2018-2（HGASMF01-15244）；2021 年 4 月 9 日，LXL47（HGASMF01-13426）。

经济价值：食用菌。

90. 球生锈革菌 *Hymenochaete sphaericola* Lloyd

简要特征：子实体一年生，平伏，易与基质分离，呈鲜艳的红褐色，连片。子实层红褐色至褐色，光滑，有时具小瘤，不开裂。不育边缘不明显。孢子（7.4~9.0）μm×（2.5~3.0）μm，圆柱形，有时稍弯曲，无色，壁薄，光滑，非淀粉质，不嗜蓝。

生境：生于杜鹃和栎树的枯木和倒木上。

研究标本：2020 年 11 月 21 日，DCY2992（HGASMF01-10853），Genbank 登录号 ITS=MZ645961。

经济价值：未知。

91. 柔毛锈革菌 *Hymenochaete villosa* (Lév.) Bers.

简要特征：子实体一年生，平伏至反卷，覆瓦状叠生，软革质。菌盖直径 2~3 cm，半圆形，黄褐色至黑褐色，边缘波状，金黄色。子实层黄褐色至黑褐色，光滑。不育边缘明显，浅黄色。具短柄或无柄。孢子（3.5~4.0）μm×（2.0~2.5）μm，圆柱形，无色，壁薄，光滑，非淀粉质，不嗜蓝。

生境：生于阔叶树的倒木上。

研究标本：2020 年 11 月 21 日，DCY2971（HGASMF01-10874），Genbank 登录号 ITS=MZ645959。

经济价值：未知。

92. 卵孢小奥德蘑 *Hymenopellis raphanipes* (Berk.) R. H. Petersen

简要特征：菌盖直径 1~12 cm，半球形至平展形，黄褐色，中央有褶皱，边缘光滑。菌肉薄，白色。菌褶弯生，白色至乳白色，不等长。菌柄（10.0~20.0）cm×（0.6~0.8）cm，近圆柱形，灰褐色，被褐色毡状鳞片，基部稍膨大且延生成假根。担子（42~56）μm×（12~16）μm，棒状，壁薄，具 2~4 个孢子。孢子（13~20）μm×（11~15）μm，椭圆形至近球形，壁薄，无色，透明，光滑。

生境：单生或群生于针阔叶混交林或阔叶林中的腐木上。

研究标本：2018 年 5 月 5 日，2018–21（HGASMF01–14979）；2021 年 5 月 23 日，SZQ285（HGASMF01–13750）。

经济价值：食用菌。

93. 簇生垂幕菇 *Hypholoma fasciculare* (Huds.) P. Kumm.

简要特征: 菌盖直径 0.7~4.7 cm, 初期半球形, 后渐平展, 硫黄色至黄色, 中部颜色较深, 呈红褐色至橙褐色, 盖缘初期覆有黄色丝膜状菌幕残余, 后期消失。菌肉薄, 黄色, 无特殊气味。菌褶较密集, 直生至弯生, 硫黄色至青褐色。菌柄(1.0~6.5) cm×(0.4~0.8) cm, 圆柱形, 黄色, 下部渐变为褐黄色, 有时具呈蛛网状的菌环或菌幕残余。孢子印紫褐色。孢子(5.5~7.5) μm×(4.0~4.5) μm, 卵圆形至椭圆形, 光滑, 淡褐色。

生境: 簇生或丛生于针阔叶混交林中的倒木和腐木上。

研究标本: 2019 年 9 月 10 日, ZJ129(HGASMF01-1934); 2020 年 8 月 4 日, WM429(HGASMF01-5273), Genbank 登录号 ITS=MZ068169; 2020 年 10 月 20 日, GH808(HGASMF01-10957), Genbank 登录号 ITS=MZ068188; 2021 年 3 月 14 日, DCY3101(HGASMF01-13054), Genbank 登录号 ITS=MZ645973。

经济价值: 药用菌, 也有文献记载该菌为毒菌。偶见有人食用, 建议不食。

94. 黄褐丝盖伞 *Inocybe flavobrunnea* Y. C. Wang

简要特征：菌盖直径 3~6 cm，平展形，中央有明显凸起，表面有褐色鳞片。菌肉污白色。菌褶弯生，浅褐色。菌柄（5.0~12.0）cm×（0.5~0.8）cm，浅褐色，近圆柱形。孢子（8~10）μm×（5~6）μm，椭圆形至近卵形，浅褐色，光滑。

生境：生于林中地上。

研究标本：2020 年 8 月 3 日，WM432（HGASMF01-5269）。

经济价值：毒菌，中毒类型属于神经精神型中毒。

95. 鲑贝耙齿菌 *Irpex consors* Berk.

简要特征：担子果一年生，无柄，木栓质至革质。菌盖（1~5）cm×（1~2）cm，半圆形至不规则形，覆瓦状叠生，光滑，粉黄色或橘红色，具同心环带并有放射状不清楚的丝光条纹，边缘薄而锐，内卷，呈波浪状。菌肉厚 0.5~1.5 mm，白色或浅肉色。菌管直径 2~5 mm，白色。孔面白色，管口多裂为齿状，1~3 孔/mm。孢子（4.0~5.0）μm×（3.0~3.5）μm，椭圆形，透明，光滑。

生境：生于阔叶树的落叶、枯枝和腐木上。

研究标本：2020 年 11 月 22 日，DCY2990（HGASMF01-10855）；2021 年 3 月 20 日，DCY3114（HGASMF01-13131），Genbank 登录号 ITS=MZ443829。

经济价值：未知。

96. 白囊耙齿菌 *Irpex lacteus* (Fr.) Fr. s. l.

简要特征：子实体一年生，平伏至反卷，覆瓦状叠生，革质，平伏时长可达 10 cm，宽可达 5 cm。菌盖半圆形，长可达 1 cm，宽可达 2 cm，厚可达 0.4 cm，表面乳白色，被细密绒毛，同心环带不明显，边缘与菌盖表面同色，干燥后内卷。子实层奶油色至淡黄色。孔口多角形，2~3 孔/mm；边缘薄，撕裂状。菌肉白色至奶油色，厚可达 1 mm。菌褶或菌管与子实层同色，长可达 3 mm。担孢子（4.0~5.5）μm×（2.0~2.8）μm，圆柱形，稍弯曲，无色，壁薄，光滑，非淀粉质，不嗜蓝。

生境：生于多种阔叶树的倒木、落叶和枯枝上。

研究标本：2020 年 10 月 20 日，GH795（HGASMF01–12959）；2020 年 11 月 21 日，DCY2967（HGASMF01–10878）。

经济价值：药用菌。该菌可导致木材腐朽。

97. 毛腿库恩菇 *Kuehneromyces mutabilis* (Schaeff.) Singer & A. H. Sm.

简要特征：菌盖直径 2~6 cm，凸镜形至平展形，中央常凸起，边缘内卷，黄褐色至茶褐色。菌肉白色至淡黄褐色。菌褶直生或稍延生，初期色浅，后期呈锈褐色。菌柄（4.0~10.0）cm×（0.2~1.0）cm，中生，圆柱形，褐色，具粉状物或鳞片。菌环上位，膜质。孢子（5.5~7.5）μm×（3.5~4.5）μm，椭圆形或卵圆形，光滑，淡锈色。

生境：夏秋季丛生于阔叶树的倒木和树桩上。

研究标本：2019 年 8 月 17 日，DCY2045（HGASMF01–3383）；2021 年 3 月 13 日，DCY3075（HGASMF01–13080），Genbank 登录号 ITS=MZ668720。

经济价值：食用菌。

98. 橙黄蜡蘑 *Laccaria aurantia* Popa, Rexer, Donges, Zhu L. Yang & G. Kost

简要特征：菌盖直径 3~4 cm，初半球形，后渐平展至中央稍凹陷成脐状，深橙色，表面光滑，有时具不明显的条纹。菌褶直生至延生，光滑，橙色。菌柄（35~80）mm×（3~10）mm，圆柱形，中生，橙褐色，纤维质。孢子（9~11）μm×（7~10）μm，球形至近球形，无色，透明，表面具疣刺。

生境：生于阔叶林中地上。

研究标本：2020 年 10 月 20 日，GH811（HGASMF01-10955），Genbank 登录号 ITS= MZ068179

经济价值：食用菌。

99. 红蜡蘑 *Laccaria laccata* (Scop.) Cooke

简要特征: 子实体小型。菌盖直径 2.5~4.5 cm, 凸镜形, 后渐平展, 中央下凹成浅漏斗形, 红色至红褐色, 湿润时呈水浸状, 表面有条纹, 边缘波状或瓣状。菌肉红褐色, 薄。菌褶直生或近弯生, 稀疏, 较宽, 不等长, 红褐色。菌柄 (3.5~8.5) cm × (0.3~0.8) cm, 红褐色, 近圆柱形, 实心, 纤维质, 较韧, 内部松软。孢子印白色。担子 (45.0~50.0) μm × (7.0~7.5) μm, 棒状, 具 4 个小梗。孢子 (7.5~11.0) μm × (7.0~9.0) μm, 近球形, 具小刺, 无色或带淡黄色。

生境: 散生或群生于中低海拔的针阔叶混交林中地上和腐殖质上。

研究标本: 2020 年 10 月 20 日, GH817 (HGASMF01-10962), Genbank 登录号 ITS= MZ06818; 2020 年 12 月 17 日, GII788 (IIGASMF01-12954)。

经济价值: 食用菌。

100. 红榛色蜡蘑 *Laccaria vinaceoavellanea* Hongo

简要特征：子实体小型至中型。菌盖直径 3~5 cm，浅漏斗形，浅褐色，表面具白霜，有明显的沟纹，边缘波状。菌肉浅褐色，薄。菌褶弯生，稀疏，较宽，不等长，肉红色。菌柄（3.0~8.0）cm×（0.3~0.8）cm，肉红色，近圆柱形，空心。孢子印白色。担子（40~50）μm×

（10~14）μm，棒形，具 2~4 个小梗。孢子直径 7.5~9.0 μm，球形，具小刺，小刺长约 1 μm，无色或带淡黄色。菌丝具锁状联合。

生境：群生于林中地上。

研究标本：2020 年 11 月 21 日，DCY2973（HGASMF01-10872）；2020 年 11 月 22 日，DCY2991（HGASMF01-10854）；2021 年 6 月 5 日，DCY3226（HGASMF01-13903）；2021 年 8 月 15 日，DCY3377（HGASMF01-15129）。

经济价值：食用菌。

101. 黑褐乳菇 *Lactarius lignyotus* Fr.

简要特征：菌盖直径 2.0~8.7 cm，褐色至黑褐色，初期扁半球形，后渐平展，中央稍下凹，表面具黑褐色网纹。菌肉较厚，白色，受伤后略变红色。菌褶延生，白色，稀疏，不等长。乳汁白色，后变为浅褐色。菌柄（3.0~12）cm×（0.4~1.5）cm，近柱形，与菌盖同色，顶端菌褶延伸形成黑褐色条纹，基部颜色较浅，呈白色，有时具绒毛，内部实心。孢子（9~13）μm×（9~11）μm，球形至近球形，由较长的条脊相连而形成破碎的或不规则的网纹。

生境：单生或散生于针阔叶混交林中地上。

研究标本：2020 年 12 月 17 日，GH787（HGASMF01-12955），Genbank 登录号 ITS=MZ068182

经济价值：未知。

102. 喙囊乳菇 *Lactarius austrorostratus* Wisitr. & Verbeken

简要特征：菌盖直径 1~3 cm，初期凸镜形，后渐平展，中央凹陷，边缘内卷，幼时表面光滑，老后中央有褶皱，茶褐色至棕褐色，具细小条纹。菌肉厚 0.5~2.0 mm，伤后不变色，浅红褐色，气味温和。菌褶直生，密集，奶油色至深奶油色，边缘齿状。菌柄（3.0~4.3）cm×（0.4~1.3）cm，偏生，圆柱形，空心，表面具条纹，红棕色、茶褐色至深褐色。孢子（6.1~7.1）μm×（5.6~6.2）μm，椭圆形或近球形，光滑，无色。

生境：生于针阔叶混交林中地上。

研究标本：2020 年 12 月 7 日，GH766（HGASMF01-12847），Genbank 登录号 ITS=MZ068191。

经济价值：未知。

 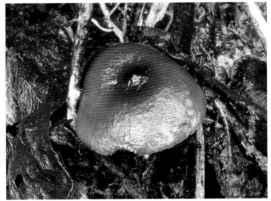

103. 南方疝疼乳菇 *Lactarius austrotorminosus* H. T. Le & Verbeken

简要特征：菌盖直径 4~7 cm，平展形，下凹，具贴生长毛；边缘具凸出盖缘的长毛，有时具环纹，淡红褐色。菌肉近白色。菌褶直生至短延生，密集，淡粉红色。乳汁白色。菌柄（2~5）cm×（1~2）cm，中生，等粗或向上渐细，实心，粉红色。孢子（8.0~9.5）μm×（6.0~7.0）μm，具孤立的疣，或具不规则的脊相连而成的破碎网纹。

生境：夏秋季散生或群生于针阔叶混交林中地上。

研究标本：2020 年 12 月 17 日，GH770（HGASMF01-2848），Genbank 登录号 ITS=MZ068196。

经济价值：食用菌。

104. 棕红乳菇 *Lactarius badiosanguineus* Kühner & Romagn.

简要特征：子实体中等。菌盖直径 2.0~8.5 cm，幼时扁半球形，后渐平展，中央浅凹，表面光滑，棕红色至深棕红色，颜色均匀。菌肉白色至粉红色，伤后不变色，气味温和。菌褶直生，密集，不等长，淡橙色，伤后不变色。菌柄（3.0~9.0）cm×（1.0~1.5）cm，圆柱形，光滑，与菌盖同色，但稍浅。孢子（7.0~9.0）μm×（5.5~7.0）μm，宽椭圆形，无色，具小刺。

生境：生于栎树和杜鹃的灌丛中地上。

研究标本：2018 年 5 月 5 日，2018-29（HGASMF01-13559）；2020 年 12 月 17 日，GH790（HGASMF01-12957），Genbank 登录号 ITS=MZ068199。

经济价值：未知。

105. 肉桂色乳菇 *Lactarius cinnamomeus* W. F. Chiu

简要特征: 菌盖直径 3~6 cm, 扁半球形至平展形, 表面灰黄色、橄榄褐色至淡黄色、肉桂褐色, 湿时胶质, 黏, 无环纹, 有放射状皱纹。菌肉污白色, 稍苦辣。菌褶直生至延生, 密集, 白色至米色并带灰色至橙色色调, 乳汁白色, 伤后不变色, 有苦辣味。菌柄（2.0~5.0）cm ×（0.5~1.0）cm, 圆柱形, 与菌盖同色。孢子（6.5~8.0）μm ×（5.5~6.5）μm, 宽椭圆形, 近无色, 具由淀粉质的脊和疣连成的不完整的网纹。

生境: 生于针阔叶混交林中地上。

研究标本: 2018 年 5 月 5 日, 2018–30（HGASMF01–15239）。

经济价值: 食用菌。

106. 稀褶多汁乳菇 *Lactifluus hygrophoroides* Berk. & M. A. Curtis

简要特征: 子实体中型。菌盖直径 2.5~9.0 cm, 初扁半球形, 后平展形, 中央下凹至近漏斗形, 光滑或稍被细绒毛, 有时中央有皱纹, 边缘初内卷, 后伸展, 虾仁色、蛋壳色至橙红色。菌肉白色, 味道柔和, 无特殊气味。菌褶直生至稍下延, 初白色, 后乳黄色至淡黄色, 稀疏, 不等长, 具横脉。菌柄（2.0~5.0）cm ×（0.7~1.5）cm, 中实或松软, 圆柱形, 向下渐细, 蛋壳色至浅橘黄色。孢子印白色。担子棒状, 具 4 个小梗。孢子（8.5~9.8）μm ×（7.3~7.9）μm, 近

球形至宽椭圆形，具微细小刺和棱纹。无囊状体。

生境：夏秋季单生或群生于杂木林中地上。

研究标本：2021 年 8 月 14 日，（HGASMF01–15007），Genbank 登录号 ITS=MZ951145。

经济价值：食用菌。

107. 宽褶黑乳菇 *Lactifluus gerardii* Peck

简要特征：子实体小型至中型。菌盖直径 3~10 cm，扁半球形至平展形，浅漏斗状，中央下凹，湿时黏，污褐黄色至黑褐色，表面被细绒毛，边缘伸展或呈波状。菌肉乳汁白色，有辛麻味。菌褶直生至延生，白色至污白色，边缘深褐色，较宽，稀疏，不等长，褶间有横脉。菌柄（3.0~7.0）cm×（0.6~1.5）cm，近圆柱形，黑褐色，空心。担子（70~90）μm×（10~14）μm，棒状，具 4 个小梗。孢子（7.5~10.0）μm×（6.6~7.5）μm，近球形，表面有明显网纹。褶缘囊状体（27.0~45.0）μm×（3.5~10.0）μm，近圆柱形或近梭形。

生境：夏秋季单生、散生或群生于林中地上。

研究标本：2020 年 11 月 22 日，DCY2976（HGASMF01–10869）。

经济价值：食用菌。

108. 淡黄多汁乳菇 *Lactifluus luteolus* (Peck) Verbeken

简要特征：子实体中等。菌盖直径 3.0~6.5 cm，初期扁半球形，后渐平展，中央下凹，表面干燥，具细小绒毛，乳白色、淡黄色至褐色，光滑。菌褶直生，较密集，白色，不等长。

菌肉白色，伤后变棕色，具白色乳汁，无特殊气味。菌柄（2.0~3.0）cm×（0.8~1.5）cm，圆柱形，具条纹，与菌盖同色，实心。孢子（6~8）μm×（4~5）μm，椭圆形，具小刺。

生境：单生或散生于阔叶林中地上。

研究标本：2019 年 9 月 11 日，ZJ165（HGASMF01-1987），Genbank 登录号 ITS=MZ133621。

经济价值：食用菌。

109. 多汁乳菇 *Lactifluus volemus* (Fr.) Kuntze

简要特征：子实体中等至大型。菌盖直径 4~12 cm，初凸镜形，后渐平展，中央下凹成漏斗形，表面光滑，无环带，褐色至红褐色，边缘内卷。菌肉白色，伤后变褐色。菌褶直生至延生，白色至微黄色，伤后变褐色，不等长，密集。菌柄（3.0~8.0）cm×（1.2~3.0）cm，近圆柱形，光滑，黄褐色，内部实心。孢子印白色。孢子（8.5~11.5）μm×（8.3~10.0）μm，近球形，无色，光滑。

生境：生于松林和针阔叶混交林中地上。

研究标本：2019 年 9 月 10 日，FQM67（HGASMF01-1941）。

经济价值：食用菌。

110. 硫磺菌 *Laetiporus sulphureus* (Bull.) Murrill

简要特征：子实体大型，初期瘤状，似脑髓。菌盖直径 8~30 cm，厚 1~2 cm，覆瓦状叠生，硫黄色，有细绒或无，有皱纹，无环带，边缘薄而锐，波浪状至瓣裂。菌肉白色至浅黄色。菌管硫黄色，干燥后褪色。孔口多角形，3~4 孔/mm。孢子（4.5~7.0）μm×（4.0~5.0）μm，卵形至近球形，光滑，无色。

生境：生于阔叶树的倒木上。

研究标本：2021 年 3 月 13 日，DCY3080（HGASMF01–13075），Genbank 登录号 ITS=OK021580；2021 年 3 月 21 日，①DCY3122（HGASMF01–13123），Genbank 登录号 ITS=MZ413281，②DCY3119（HGASMF01–13125），③DCY3123（HGASMF01–13122），Genbank 登录号 ITS=MZ413280。

经济价值：食用菌、药用菌。

111. 香菇 *Lentinula edodes* (Berk.) Pegler

简要特征：子实体中型至大型。菌盖直径 5~12 cm，初凸镜形，后渐平展，浅褐色至褐色，肉质，菌盖表面有褐色鳞片。菌肉厚 0.5~1.0 cm，白色。菌褶直生，不等长，白色，密集。菌柄（3.0~9.0）cm×（0.5~1.5）cm，中生至偏生，圆柱形，白色。菌环窄且易消失。孢子印白色。担子（18~25）μm×（4~7）μm，棒形，具 4 个小梗。孢子（4.5~5.0）μm×（2.0~2.5）μm，椭圆形，无色，光滑，具锁状联合。

生境: 单生、丛生或群生于腐木上。

研究标本: 2021 年 3 月 14 日, DCY3092 (HGASMF01–13063); 2021 年 4 月 9 日, LXL39 (HGASMF01–13428); 2021 年 4 月 10 日, LXL65 (HGASMF01–13408)。

经济价值: 食用菌, 已有人工栽培。

112. 桦革裥菌 *Lenzites betulinus* (L.) Fr.

简要特征: 子实体一年生, 无柄, 覆瓦状叠生, 革质。菌盖扇形, 外伸长可达 5 cm, 宽可达 7 cm, 中央厚可达 1.5 cm, 表面新鲜时乳白色至浅灰褐色, 被绒毛或粗毛, 具不同颜色的同心环纹, 边缘锐, 完整或呈波状。菌肉浅黄色, 厚可达 3 mm。菌褶宽可达 12 mm, 黄褐色至灰褐色, 齿状放射排列, 0.5~2.0 齿/mm。孢子 (4.5~5.3) μm × (1.5~2.0) μm, 圆柱形至腊肠形, 无色, 壁薄, 光滑。

生境: 生于阔叶树特别是桦树的活立木、死木、倒木和树桩上。

研究标本: 2020 年 10 月 20 日, ①GH798 (HGASMF01–10933), Genbank 登录号 ITS= MZ128775, ②GH806 (HGASMF01–10941), ③GH810 (HGASMF01–10954)。

经济价值: 药用菌。

113. 大褶孔菌 *Trametes vespacea* (Pers.) Zmitr., Wasser & Ezhov

简要特征: 子实体一年生, 无柄, 覆瓦状叠生, 革质。菌盖直径可达 8 cm, 扇形, 基部厚可达 1 cm, 表面新鲜时白色、浅稻草色至赭石色, 干燥后灰褐色, 被灰色或褐色绒毛, 具同心环纹和环沟, 边缘锐, 呈波状, 干燥后略呈撕裂状。菌肉新鲜时白色, 干燥后奶油色, 厚可达 1.5 mm。菌褶宽可达 9 mm, 白色至奶油色, 干燥后灰褐色至浅黄褐色, 放射状排列, 边缘呈齿状, 0.7~1.0 齿/mm。孢子 (5.1~6.1) μm × (2.4~3.1) μm, 宽椭圆形, 无色, 壁薄, 光滑, 非淀粉质, 不嗜蓝。

生境: 生于阔叶树的倒木和栈道木上。

研究标本: 2021 年 3 月 20 日, DCY3117 (HGASMF01–13128), Genbank 登录号 ITS= MZ413278。

经济价值: 未知。

114. 奇异脊革菌 *Lopharia cinerascens* (Schwein.) G. Cunn.

简要特征: 子实体一年生, 平伏, 革质, 长可达 45 cm, 宽可达 25 cm, 厚可达 3 mm。菌肉分两层, 上层淡灰色, 毡状, 软, 下层木材色至灰黄色, 层间具 1 个黑褐色环纹。子实层表面淡黄色至淡褐色,干燥后灰黄色,不规则,初期似孔状,成熟时耙齿状或迷宫状。孔口边缘薄,全缘。不育边缘奶油色。孢子(9.0~12.0)μm×(5.5~7.2)μm,椭圆形,无色,壁薄,光滑。

生境:夏秋季生于阔叶树的倒木和腐木上。

研究标本:2020 年 8 月 3 日,WM405(HGASMF01-5298),Genbank 登录号 ITS=MZ823604。

经济价值:未知。

115. 甜苦丝盖伞 *Mallocybe dulcamara* (Pers.) Vizzini, Maggiora, Tolaini & Ercole

简要特征:菌盖直径 1.5~4.0 cm,幼时半球形,成熟后渐平展,表面被细密鳞片,褐黄色。菌肉厚达 0.3 cm,肉质,土黄色,无明显气味。菌褶宽达 3 mm,延生,黄褐色至橄榄褐色,中等密集,褶缘细小,呈锯齿状。菌柄(2.2~3.0)cm×(0.3~0.7)cm,圆柱形,等粗,纤维状。孢子(8.0~10.5)μm×(6.0~7.0)μm,椭圆形至近豆形,光滑,黄褐色。

生境:生于阔叶林中地上和路边。

研究标本:2019 年 8 月 17 日,DCY2032(HGASMF01-3568)、DCY2025(HGASMF01-3561)。

经济价值:毒菌。

116. 皮微皮伞 *Marasmiellus corticum* Singer

简要特征:菌盖直径 0.6~4.0 cm,平展形、凸镜形至扇形,中央下凹,膜质,干燥后胶质,白色,半透明,被白色细绒毛,具辐射状沟纹。菌褶直生,不等长。菌柄长 3~9 mm,偏生,圆柱形至近棒状,白色,被绒毛。孢子(7.0~10.0)μm×(4.0~5.3)μm,椭圆形,光滑,无色,非淀粉质。

生境: 群生于针阔叶混交林中的腐木和竹枝上。

研究标本: 2021 年 7 月 4 日, SZQ380 (HGASMF01-14409)。

经济价值: 未知。

117. 树生微皮伞 *Marasmiellus dendroegrus* Singer

简要特征: 菌盖直径 0.6~2.0 cm, 淡黄褐色至褐色, 平展形至平展脐凹或凸出脐凹, 膜质, 有辐射状沟纹。菌肉微黄褐色, 极薄, 无味。菌褶直生, 不等长, 有分叉, 黄褐色至橙褐色。菌柄(1.3~2.5)cm × (0.1~0.2)cm, 圆柱形, 中生至偏生, 黄色至黄褐色, 空心。孢子(5~7)μm × (3~4)μm, 椭圆形, 光滑, 无色。

生境: 秋季生于枯枝和草本植物的茎上。

研究标本: 2018 年 5 月 5 日, 2018-15 (HGASMF01-13545); 2021 年 4 月 9 日, LXL49 (HGASMF01-13424)。

经济价值: 药用菌。

118. 橙黄小皮伞 *Marasmius aurantiacus* I. Hino

简要特征：菌盖直径 2.0~2.7 cm，平展形，茶褐色。菌肉白色至与菌盖同色，薄，无味道。菌褶直生至弯生，白色，略带黄色，较密集，有弱横脉，褶缘光滑。菌柄（25.0~55.0）mm×（1.0~1.5）mm，中生，圆柱形，顶端黄色，基部黄褐色，纤维质，空心，基部膨大，污白色至淡黄色。孢子（7.0~10.0）μm×（3.4~5.0）μm，椭圆形至梨核形，光滑，无色，非淀粉质，有油球。担子（23~27）μm×（4~6）μm，棒形，无色，具 4 个小梗。侧生囊状体缺，褶缘囊状体常见。

生境：群生于阔叶林中的落叶上。

研究标本：2020 年 5 月 16 日，DCY2537（HGASMF01–11906）；2020 年 8 月 4 日，WM431（HGASMF01–5270）。

经济价值：未知。

119. 苍白小皮伞 *Marasmius pellucidus* Berk. & Broome

简要特征：菌盖直径 0.3~0.4 cm，凸镜形至平展形，中央黄白色至奶油色，边缘白色，中央常凹陷，光滑至有皱纹或有网纹，边缘有条纹或沟纹，透明，向下弯曲，水渍状，无毛，湿或干。菌肉薄，白色。菌褶直生至弯生，密集至较密集，窄。菌柄（1.0~9.0）cm×（0.1~0.3）cm，圆柱形，顶端白色，基部褐色或深褐色，纤维质。孢子（6.0~7.0）μm×（3.0~3.5）μm，近梭形，光滑，壁薄，透明。

生境：生于针阔叶混交林中的腐叶上。

研究标本：2019 年 9 月 11 日，ZJ157（HGASMF01–3312），Genbank 登录号 ITS=MZ669261；2020 年 5 月 16 日，DCY2518（HGASMF01–7597），Genbank 登录号 ITS=MZ666824；2020 年 8 月 4 日，①WM441（HGASMF01–5258），Genbank 登录号 ITS=MZ669204，②ZJ144（HGASMF01–1963），Genbank 登录号 ITS=MZ669223。

经济价值：未知。

120. 紫条沟小皮伞 *Marasmius purpureostriatus* Hongo

简要特征：菌盖直径 1.0~2.5 cm，钟形至半球形，中央下凹成脐形，顶端有 1 个小凸起，紫褐色或浅紫褐色，后期色变浅。菌肉薄，污白色。菌褶近离生，污白色至乳白色，稀疏，不等长。菌柄（4.0~11.0）cm×（0.2~0.3）cm，圆柱形，上部污白色，向基部渐呈褐色，表面被微细绒毛，基部常被白色粗毛，中空。

生境：夏秋季生于阔叶林中的枯枝和落叶上。

研究标本：2021 年 5 月 22 日，SZQ261（HGASMF01–13710）。

经济价值：未知。

121. 轮小皮伞 *Marasmius rotalis* Berk. & Broome

简要特征：菌盖直径 0.3~1.2 cm，初半球形，后凸镜形，中央有 1 个小的乳状凸起，白色、黄白色至淡褐色，中央色深，有条纹或沟纹。菌肉薄，与菌盖同色。菌褶直生，密集，不等长。菌柄（2.00~2.50）cm×（0.05~0.10）cm，圆柱形，空心，暗褐色，有黑色的菌索。孢子（7~9）μm×（3~4）μm，椭圆形，光滑，无色。

生境：生于阔叶林中的落叶上。

研究标本：2018 年 5 月 5 日，2018–13（HGASMF01–15271）。

经济价值：未知。

122. 素贴山小皮伞 *Marasmius suthepensis* Wannathes, Desjardin & Lumyong

简要特征: 菌盖直径 1~2 cm, 凸镜形至平展形, 中央橙褐色至淡橙色, 褪至淡黄色, 边缘橙白色至淡黄色。菌肉薄, 白色。菌褶直生至离生, 较密集, 褶缘与菌盖同色。菌柄 (20~55) mm × (1~2) mm, 圆柱形, 顶端黄白色, 基部红褐色。孢子 (10~13) μm × (1~4) μm, 椭圆形, 光滑, 无色。

生境: 单生或群生于林中的腐殖质上。

研究标本: 2020 年 5 月 16 日, DCY2467 (HGASMF01–3971), Genbank 登录号 ITS= MZ820787。

经济价值: 未知。

123. 杯伞状大金钱菌 *Megacollybia clitocyboidea* R. H. Petersen, Takehashi & Nagas

简要特征: 菌盖直径 5~13 cm, 幼时钟形, 成熟后渐平展至上翻, 中央稍下凹, 白色, 成熟后菌盖边缘常开裂。菌肉较薄, 污白色。菌褶直生或近延生, 近白色, 老后呈灰白色或带粉色。菌柄 (5~10) cm × (1~2) cm, 圆柱形, 上部污白色, 下部带灰色, 基部膨大, 实心, 表面呈绒毛状或粉状。孢子 (6.0–9.0) μm × (5.5~7.0) μm, 宽椭圆形, 光滑, 无色。

生境: 夏秋季单生或群生于落叶林中的腐木上。

研究标本: 2021 年 8 月 14 日, DCY3325 (HGASMF01–15046), Genbank 登录号 ITS= MZ951158。

经济价值: 食用菌。

124. 纹缘宽褶伞 *Megacollybia marginata* R. H. Petersen, O. V. Morozova & J. L. Mata

简要特征：菌盖直径 5~8 cm，扁半球形至平展形，中央稍凸起，暗灰褐色，其余部分橄榄褐色，边缘变为黄色至污白色，不黏。菌褶弯生，米色，较稀。菌肉白色。菌柄（30.0~50.0）cm×（0.8~1.2）cm，向下变细，白色，有白色至灰色鳞毛，基部带有粉红色斑点，肥皂味。孢子（6.5~10.0）μm×（5.0~7.0）μm，椭圆形，光滑，无色，非淀粉质。

生境：夏季生于阔叶林或针阔叶混交林中地上。

研究标本：2021 年 6 月 6 日，DCY3249（HGASMF01–13940），Genbank 登录号 ITS=823593。

经济价值：未知。

125. 宽褶奥德蘑 *Megacollybia platyphylla* (Pers.) Kotl. & Pouzar

简要特征：子实体中等至大型。菌盖直径 6~14 cm，平展形，中央微凹，灰棕色，边缘带有放射状条纹，干燥时边缘会开裂。菌褶直生至稍延生，白色至淡奶油色，不等长，稀疏，边缘呈不规则的波浪状。菌柄（5.0~15.0）cm×（0.6~1.0）cm，白色至灰棕色。孢子印白色。孢子（7.0~10.0）μm×（6.0~8.5）μm，宽椭圆形，光滑。褶缘囊状体（30~55）μm×（5~10）μm，棒形。

生境：夏秋季单生或群生于落叶林中的腐木上。

研究标本：2021 年 7 月 5 日，SZQ421（HGASMF01-14511）。

经济价值：食用菌。

126. 穆氏齿耳菌 *Metuloidea murashkinskyi* (Burt) Miettinen & Spirin

简要特征：子实体一年生，覆瓦状叠生，革质。菌盖外伸长可达 1 cm，宽可达 2 cm，厚可达 2 mm，扇形，表面淡灰黄色，具环沟，边缘锐，干燥后常内卷。子实层新鲜时白色，干燥后浅褐色，齿状。菌褶宽可达 1 mm，呈齿状排列，密集，锥形，6~8 齿/mm。不育边缘奶白色，宽可达 2 mm。菌肉厚可达 1 mm。孢子（3.2~4.3）μm×（1.8~2.1）μm，椭圆形，无色，壁薄，光滑。

生境：生于阔叶林中的腐木上。

研究标本：2020 年 12 月 17 日，GH782（HGASMF01-12844）。

经济价值：未知。

127. 扇形小孔菌 *Microporus affinis* (Blume & T. Nees) Kuntze

简要特征：菌盖直径 2.7~5.0 cm，匙形至半圆形，褐色至黑色，光滑。菌管直径约 0.5 cm，白色至黄色，5~7 孔/mm。菌肉厚约 3 mm，白色。菌柄（1.0~2.5）cm×（0.4~1.3）cm，圆柱形，侧生，被短绒毛，黑棕色，质硬。孢子 6.3 μm×2.5 μm 左右，椭圆形，透明，壁薄，非淀粉质。

生境：生于阔叶林中的腐木上。

研究标本：2020 年 5 月 16 日，①DCY2490（HGASMF01-3939），Genbank 登录号 ITS= MZ648448，②DCY2498（HGASMF01-3935），Genbank 登录号 ITS=MZ666431；2020 年 8 月 4 日，WM424（HGASMF01-5279）；2021 年 4 月 8 日，LXL17（HGASMF01-13450）。

经济价值：未知。

128. 黄柄小孔菌 *Microporus xanthopus* (Fr.) Kuntze

简要特征：子实体一年生，韧革质。菌盖直径可达 8 cm，中央厚可达 5 mm，圆形至漏斗形，浅黄褐色、浅棕黄色至黄褐色，具同心环纹，边缘较锐，波状。菌肉厚可达 3 mm，淡棕黄色。菌管直径可达 2 mm，新鲜时白色至奶油色，干燥后淡赭石色。孔口多角形，

8~10孔/mm，边缘薄，全缘。不育边缘明显，宽可达 1 mm。菌柄长可达 2 cm，直径可达 2.5 mm，浅黄褐色，光滑。孢子（6.0~7.5）μm×（2.0~2.5）μm，短圆柱形，略弯曲，无色，壁薄，光滑，非淀粉质。

生境：单生或群生于阔叶树的倒木上。

研究标本：2018 年 5 月 5 日，2018–34（HGASMF01–14980），Genbank 登录号 ITS=MZ636811；2020 年 10 月 20 日，GH816（HGASMF01–10961），Genbank 登录号 ITS=MZ130100。

经济价值：未知。

129. 摩氏摩根氏菌 *Morganella puiggarii* (Speg.) Kreisel & Dring

简要特征：子实体较小。菌盖直径 0.6~2.0 cm，高 0.9~2.3 cm，球形或扁半球形，新鲜时白色至淡黄色，干燥后茶褐色，表面具圆锥形小颗粒，内部柔软。产孢组织幼时絮状，白色，老后布满粉尘，褐色。孢子 3~4 μm，近球形，浅橙色，具小刺。

生境：生于针阔叶混交林中地上。

研究标本：2020 年 10 月 20 日，GH804（HGASMF01-10939），Genbank 登录号 ITS= MZ130251。

经济价值：药用菌。

130. 白黏小奥德蘑 *Mucidula mucida* (Schrad.) Pat.

简要特征：菌盖直径 4~12 cm，初期半球形，后渐平展，水浸状，白色，边缘具稀疏而不明显的条纹。菌肉薄，白色，较软。菌褶直生至弯生，宽，稀疏，不等长，白色。菌柄（5.0~10.0）cm ×（0.3~1.0）cm，圆柱形或基部膨大，纤维质，实心，上部白色，下部略带灰褐色。菌环上位，白色，膜质。孢子（15.8~23.8）μm ×（14.9~19.5）μm，近球形，光滑，无色。

生境：单生、群生或近丛生于倒木、腐木和树桩上。

研究标本：2021 年 3 月 11 日，DCY3082（HGASMF01-13073）；2021 年 3 月 21 日，DCY3120（HGASMF01-13126）。

经济价值：食用菌。

131. 沟纹小菇 *Mycena abramsii* (Murrill) Murrill

简要特征: 菌盖直径 1.0~2.5 cm, 半球形、斗笠形至钟形, 中央凸起, 灰褐色至浅灰色, 表面光滑或有小鳞片, 边缘有明显的沟状条纹。菌肉较薄, 白色至灰白色。菌褶灰白色, 较稀疏, 稍宽, 不等长。菌柄(3.0~6.5)cm×(0.1~0.2)cm, 上部近白色, 下部近灰

褐色, 光滑, 基部有时具白色菌丝体。孢子(5.5~11.0)μm×(4.5~5.5)μm, 无色, 光滑, 含油球, 椭圆形。

生境: 生于针阔叶混交林中地上。

研究标本: 2020 年 5 月 16 日, DCY2476(HGASMF01-3953), Genbank 登录号 ITS=MZ666430。

经济价值: 未知。

132. 角凸小菇 *Mycena corynephora* Maas Geest.

简要特征: 菌盖直径 0.5~0.8 cm, 钟形、伞形或半球形, 表面近光滑或近白粉状, 纯白色, 边缘无条纹。菌肉极薄, 白色, 水浸状。菌褶稀疏, 窄, 直生。菌柄(0.7~1.5)cm×(0.5~1.5)cm, 圆柱形, 弯曲。孢子(6.0~8.0)μm×(8.0~9.5)μm, 球形或近球形, 光滑, 无色。菌盖皮层由 1 层球状细胞组成, 球状细胞(6~27)μm×(8~31)μm, 表面布满长短不等的疣状刺, 透明, 无色, 常具1 个短小的柄状基部。

生境: 生于阔叶树尤其是柳树的树皮上。

研究标本: 2018 年 3 月 21 日, 2018-22(HGASMF01-13544)。

经济价值: 未知。

133. 黄柄小菇 *Mycena epipterygia* (Scop.) Gray

简要特征: 菌盖直径 1.0~2.5 cm, 初期圆锥形至半球形, 后期平展形, 有时中央稍凸起, 表面光滑, 灰褐色至土黄色, 湿时黏, 边缘有条纹。菌肉薄, 近白色至带菌盖颜色。菌褶直生至弯生, 稍稀疏, 浅白色。菌柄(50~85)mm×(1~2)mm, 黄绿色, 下部被纤维状细毛。孢子(8.5~10.5)μm×(5.0~6.0)μm, 卵形至椭圆形, 光滑, 无色, 淀粉质。

生境：群生于针阔叶混交林中阔叶树的腐木上。

研究标本：2018年5月5日，2018-20（HGASMF01-13556），Genbank 登录号 ITS=MZ666403；2018 年 10 月 20 日，2018-21（HGASMF01-13557），Genbank 登录号 ITS=MZ666418。

经济价值：未知。

134. 盔盖小菇 *Mycena galericulata* (Scop.) Gray

简要特征：子实体较小。菌盖直径 2~4 cm，钟形，灰黄色至浅灰褐色，光滑，细条纹明显。菌肉白色至污白色，较薄。菌褶或稍有延生，较宽，密集，不等长，褶间有横脉，白色。菌柄（8.0~12.0）cm×（0.2~0.5）cm，直生，圆柱形，污白色，光滑，常弯曲，脆骨质，空心，基部有白色绒毛。孢子（7.8~11.4）μm×（6.4~8.1）μm，光滑，无色，椭圆形或近卵圆形。囊状体（48.0~56.0）μm×（6.3~10.2）μm，近梭形，顶部钝圆或尖锐。

生境：夏秋季群生于针阔叶混交林中的腐木上。

研究标本：2021 年 4 月 9 日，LXL71（HGASMF01-13402），Genbank 登录号 ITS=MZ669083。

经济价值：食用菌。

135. 乳足小菇 *Mycena galopus* (Pers.) P. Kumm.

简要特征: 菌盖直径 0.3~0.6 cm, 初期凸镜形, 后渐变为钟形, 表面覆盖白色粉末状物, 具条纹, 初期浅灰色, 后期渐褪色为污白色。菌肉薄, 气味和味道不明显。菌褶离生或稍延生, 稀疏, 窄, 白色。菌柄 (20~35) mm × (1~2) mm, 圆柱形, 向基部渐膨大, 表面密布白色绒毛, 后期渐变为白色粉末。孢子 (7.5~9.5) μm × (4.0~5.0) μm, 椭圆形, 光滑, 无色, 淀粉质。

生境: 生于林中的腐木上。

研究标本: 2019 年 9 月 11 日, ZJ161 (HGASMF01-1969), Genbank 登录号 ITS=MZ130459; 2020 年 12 月 17 日, GH776 (HGASMF01-12850), Genbank 登录号 ITS=MZ130326。

经济价值: 未知。

136. 出血小菇 *Mycena haematopus* (Pers.) P. Kumm.

简要特征: 菌盖直径 2.5~5.0 cm, 初圆锥形, 后变为钟形, 幼时暗红色, 成熟后颜色稍淡, 中央色深, 边缘具条纹且常开裂, 呈较规则的锯齿状, 幼时具白色粉末状细颗粒, 后变光滑, 伤后流出血红色汁液。菌肉薄, 白色至酒红色。菌褶直生或近弯生, 白色至灰白色, 有时可见暗红色斑点, 较密集。菌柄 (30~60) mm × (2~3) mm, 圆柱形, 等粗, 与菌盖同色或色稍淡, 被白色细粉状颗粒, 空心, 脆质, 基部被白色毛状菌丝体。孢子 (7.5~11.0) μm × (5.0~7.0) μm, 宽椭圆形, 光滑, 无色, 淀粉质。

生境: 初夏至秋季常簇生于腐朽程度较深的阔叶树的腐木上。

研究标本: 2020 年 10 月 20 日, GH809 (HGASMF01–10943), Genbank 登录号 ITS= MZ130507。

经济价值: 药用菌。

137. 叶生小菇 *Mycena leptocephala* (Pers.) Gillet

简要特征：菌盖直径1~2 cm，圆锥形至钟形，边缘有时上卷，中央具脐状凸起，光滑或具细小纤毛，边缘具条纹，水浸状，米黄棕色至近红棕色，中央处色深，红棕色或酒红色，向边缘色渐淡，近边缘处具细小纤毛。菌肉薄，淡棕色，水浸状。菌褶直生至近延生，黄棕色至淡红棕色，边缘光滑。菌柄（5.0~8.0）cm×（0.1~0.2）cm，圆柱形，光滑，脆骨质，淡棕色至棕色，基部色较深，中空。孢子（7~9）μm×（3~4）μm，长椭圆形至梨形，光滑，无色，淀粉质。

生境：群生或散生于落叶林和针叶林中的枯枝、腐叶和松针上。

研究标本：2018年5月5日，2018-23（HGASMF01-15245）。

经济价值：药用菌。

138. 斑点小菇 *Mycena maculata* P. Karst.

简要特征：菌盖直径1.5~4.0 cm，凸镜形至平展形，有1个宽的脐状凸起，褐色，边缘易内卷，表面具明显条纹。菌肉薄，白色。菌褶直生，中等密集，不等长。菌柄（3.0~10.0）cm×（0.4~0.8）cm，浅褐色，近圆柱形，基部易弯曲。孢子（6.5~8.0）μm×（4.0~5.0）μm，椭圆形，光滑，壁薄，淀粉质。

生境：群生于林中的腐木上。

研究标本：2020 年 12 月 17 日，GH793（HGASMF01-12960），Genbank 登录号 ITS=
MZ672028；2021 年 3 月 14 日，DCY3088（HGASMF01-13067）。

经济价值：未知。

139. 洁小菇 *Mycena pura* (Pers.) P. Kumm.

简要特征：菌盖直径 2.5~5.0 cm，幼时半球形，后渐平展至边缘稍上翻，具条纹，幼
时紫红色，成熟后色稍淡，中央色深，边缘色淡，开裂并呈较规则的锯齿状。菌肉薄，灰紫
色。菌褶较密集，直生或近弯生，具横脉，不等长，白色至灰白色，有时呈淡紫色。菌柄
（3.0~6.0）cm×（0.3~0.5）cm，近圆柱形，等粗或向下稍粗，与菌盖同色或色稍浅，光滑，
空心，软骨质，基部被白色毛状菌丝体。孢子（6.5~8.0）μm×（4.0~5.0）μm，椭圆形，光
滑，无色，淀粉质。

生境：夏秋季散生于针阔叶混交林或针叶林中地上。

研究标本：2020 年 12 月 17 日，GH769（HGASMF01-12267），Genbank 登录号 ITS=
MZ823603；2021 年 5 月 23 日，SZQ296（HGASMF01-13739）。

经济价值：食用菌、药用菌。

140. 蒜味菇一种 *Mycetinis* sp.

简要特征: 菌盖直径 1.5~2.0 cm, 偏圆形、肾形至扇形, 白色至灰白色, 有时带灰橙褐色或肉红色, 膜质, 被粉末状绒毛, 幼时光滑, 成熟后有条纹。菌肉薄, 白色。菌褶直生, 不等长, 无横脉, 近白色。菌柄(2.0~4.0) mm ×(0.5~1.0) mm, 侧生至偏生, 圆柱形, 近白色至淡褐色, 有白色绒毛, 实心。孢子椭圆形, 光滑, 无色, 非淀粉质。

生境: 群生于阔叶林中的腐木和枯枝上。

研究标本: 2021 年 3 月 13 日, DCY3065(HGASMF01–13089), Genbank 登录号 ITS= MZ823497。

经济价值: 未知。

141. 桑多孔菌 *Neofavolus alveolaris* (DC.) Sotome & T. Hatt.

简要特征: 子实体一年生, 具侧生柄, 单生或聚生, 肉质至革质。菌盖直径 3~5 cm, 半圆形至圆形, 白色。菌管直径可达 4 mm, 延生, 奶油色, 放射状排列, 边缘薄, 全缘, 后期浅黄色, 干燥后浅黄褐色。孔口初期多角形, 1~2 孔/mm。菌肉厚可达 1 mm, 奶油色。菌柄长可达 1 cm, 直径可达 4 mm, 浅黄色至褐色，光滑。孢子（9.0~10.5）μm×（3.2~4.0）μm，长椭圆形，无色，壁薄，光滑，非淀粉质，不嗜蓝。

生境：夏秋季生于多种阔叶树的死木、倒木和树桩上，可导致木材腐朽、变白。

研究标本：2018 年 5 月 5 日，2018-40（HGASMF01-14984），Genbank 登录号 ITS=MZ648446；2021 年 4 月 10 日，LXL45（HGASMF01-13389）。

经济价值：药用菌。

142. 三河新棱孔菌 *Neofavolus mikawae* (Lloyd) Sotome & T. Hatt.

简要特征：菌盖肾形至半圆形，扁平，从基部到边缘长 1.7~6.0 cm，宽 2~8 cm，厚达 5 mm，表面无毛，光滑，白色至浅棕色，无环纹，边缘通常呈波纹状。菌肉厚约 5 mm，新鲜时坚硬，干燥时软木质。菌管直径约 2 mm，白色。孔口角形，3~5 孔/mm。菌柄长达 5 mm，直径约 7 mm，圆柱形。担子（12.0~16.5）μm×（5.0~8.0）μm，棒状，具 4 个小梗。孢子（6.0~9.5）μm×（2.3~3.6）μm，圆柱形，透明。

生境：生于阔叶树的腐木上。

研究标本：2020 年 5 月 16 日，DCY2505（HGASMF01-3928），Genbank 登录号 ITS=MZ666827；2021 年 5 月 16 日，DCY2495（HGASMF01-3938），Genbank 登录号 ITS=MZ666432。

经济价值：未知。

143. 拟粘小奥德蘑 *Oudemansiella submucida* Corner

简要特征：菌盖直径 2~7 cm，扁平形至平展形，污白色，中央色稍深，胶质，黏。菌肉肉质，白色。菌褶厚，稀疏。菌柄（2.0~8.0）cm×（0.2~0.8）cm，圆柱形，近白色至米色，被白色绒毛，基部膨大，无假根。菌环中上位，膜质。孢子（18~24）μm×（16~21）μm，近球形至宽椭圆形。缘生囊状体密集组成不育带；侧生囊状体（140~210）μm×（40~50）μm，棒状至梭形。

生境：夏秋季生于亚热带林中的腐木上。

研究标本：2020 年 10 月 20 日，GH796（HGASMF01-10931），Genbank 登录号 ITS=MZ130263；2021 年 3 月 14 日，DCY3099（HGASMF01-13056）。

经济价值：食用菌。

144. 杨锐孔菌 *Oxyporus populinus* (Schumach.) Donk

简要特征：子实体多年生，覆瓦状叠生，木栓质。菌盖直径 3~5 cm，半圆形，白色。菌管宽可达 60 mm，表面新鲜时乳白色至奶油色，干燥后浅黄色，分层明显，层间具 1 层菌肉层，边缘薄，全缘。孔口圆形，6~8 孔/mm。菌肉厚可达 1 cm，奶油色至浅棕黄色，无柄。不育边缘明显。孢子（3.2~4.0）μm×（3.0~3.6）μm，近球形至卵圆形，无色，壁薄，光滑，非淀粉质，不嗜蓝。

生境：群生于槭树和杨树上。

研究标本：2020年11月21日，DCY2969（HGASMF01–10876），Genbank 登录号 ITS=MZ666828。

经济价值：未知。

145. 粪生斑褶菇 *Panaeolus fimicola* (Pers.) Gillet

简要特征：菌盖直径 1.5~4.0 cm，初期圆锥形至钟形，后渐平展为扁半球形至半球形，中央稍凸起，灰白色至灰褐色，边缘有暗色环带。菌肉极薄，灰白色。菌褶直生，稍稀疏，灰褐色，渐变为黑灰相间的花斑，最后变为黑色，褶缘白色。菌柄（2.5~10.0）cm×（0.2~0.3）cm，圆柱形，褐色，向下颜色稍深，中空。孢子（12.5~15.0）μm×（8.5~11.5）μm，柠檬形，光滑，褐色至黑褐色。

生境：生于马粪堆及其周围地上。

研究标本：2021 年 3 月 14 日，DCY3097（HGASMF01–13058）。

经济价值：毒菌。

146. 鳞皮扇菇 *Panellus stipticus* (Bull.) P. Karst.

简要特征：菌盖直径 1~3 cm，扇形至肾形，黄色至褐色，表面鳞片状，边缘内卷。菌肉薄，淡黄色。菌褶窄，密集，薄，肉色至黄色，有横脉相连。菌柄（0.2~0.4）cm×（0.1~0.2）cm，侧生，褐色，有小鳞片。孢子印白色。孢子（4.0~6.0）μm×（2.0~2.5）μm，椭圆形，光滑，无色，圆柱形。褶缘囊状体（25.0~50.0）μm×（2.5~5.0）μm，顶端披针形。

生境：群生于阔叶树的树桩、树干和枯枝上。

研究标本：2020 年 5 月 16 日，DCY2500（HGASMF01–3936）、DCY2496（HGASMF01–3937）、DCY2525（HGASMF01–11910）；2021 年 3 月 13 日，DCY3069（HGASMF01–13086）。

经济价值：药用菌、毒菌。

147. 野生革耳 *Panus rudis* Fr.

简要特征：菌盖直径 3~6 cm，浅漏斗状，淡褐色，边缘常带有紫色或淡紫色，密布长绒毛，或带有直立短刺毛或长粗毛。菌肉厚 1.5~2.0 mm，革质，白色。菌褶宽 1~2 mm，常延生，黄白色至浅黄褐色，密集，不等长。菌柄（1.0~1.8）cm×（0.3~0.9）cm，圆柱形或具近球形的基部，偏生至侧生，少中生。孢子（3.5~6.0）μm×（1.8~2.8）μm，卵形至椭圆形，光滑，无色。

生境：生于针阔叶混交林和阔叶林中的腐木上。

研究标本：2021 年 5 月 23 日，SZQ287（HGASMF01–13748）。

经济价值：药用菌。

148. 薄纹近地伞 *Parasola plicatilis* (Curtis) Redhead, Vilgalys & Hopple

简要特征：菌盖直径 1~3 cm，初期卵圆形，渐变为钟形，后期平展形，中央稍下陷，淡灰色，带褐色，边缘具放射状长条纹。菌肉薄，污白色。菌褶较薄，近离生，稀疏，灰色至灰黑色。菌柄（3.0~7.0）cm×（0.1~0.2）cm，圆柱形，白色，光滑，细长，空心。担子（25~35）μm×（11~13）μm。孢子（10~12）μm×（8~10）μm，近椭圆形，黑褐色至黑色，表面光滑。

生境：单生或群生于草地和花圃中的腐木屑和腐殖质上。

研究标本：2020 年 12 月 17 日，GH786（HGASMF01−12952）。

经济价值：食用菌、药用菌。

149. 卷边桩菇 *Paxillus involutus* (Batsch) Fr.

简要特征：菌盖直径 4~15 cm，浅漏斗形至平展形，黄褐色，边缘内卷，被细绒毛。菌肉较厚，赭褐色，伤后变红色至黑褐色。菌褶延生，密集，不等长，褐色，伤后初转红色，再转黑褐色。菌柄（2.0~5.0）cm×（0.2~0.5）cm，近圆柱形，黄褐色，中生至稍偏生。孢子（7~10）μm×（4~6）μm，椭圆形，黄褐色，光滑。

生境：单生或群生于树桩上。

研究标本：2018 年 5 月 5 日，2018–28（HGASMF01–15250）。

经济价值：食用菌、药用菌，也有文献记载该菌为毒菌。

150. 蔷薇色银耳 *Phaeotremella roseotincta* (Lloyd) V. Malysheva

简要特征：子实体高 2~4 cm，叶状分瓣，形成 1 个柄状基部附着在基物上，浅红褐色，胶质。菌丝壁厚，膨大，有锁状联合。担子（16~20）μm×（11~18）μm，近球形，纵向分隔。孢子（7~10）μm×（7~9）μm，近球形，壁薄，透明。

生境：生于阔叶树的腐木上。

研究标本：2020 年 5 月 16 日，DCY2479（HGASMF01–3950）；2021 年 8 月 14 日，DCY3346（HGASMF01–15027）。

经济价值：食用菌。

151. 海棠鬼笔 *Phallus haitangensis* H. Li Li, P. E. Mortimer, J. C. Xu & K. D. Hyde

简要特征：子实体高 13~20 cm，菌盖下散开出喇叭状菌裙。菌盖（3~5）cm×（2~3）cm，钟形至伞形，深橙色至金黄色，表面具明显的金黄色网纹，顶部有凸出的孔，有恶臭味。菌柄（10~15）cm×（1~2）cm，近圆柱形，海绵状，乳白色，柔软且易碎。菌裙（8~10）cm×（8~15）cm，淡橙色至浅黄色，发育良好，起初在菌盖下收缩，后展开至地面，多孔，孔圆形或多边形。菌托 2~3 cm，根状，黄白色，表面光滑，通过粉白色菌根附着在基质上。孢子（2.8~4.2）μm×（1.1~2.6）μm，圆柱形，光滑，透明。

生境：单生于阔叶林和针阔叶混交林中地上。

研究标本：2020 年 5 月 6 日，DCY2517（HGASMF01-13558），Genbank 登录号 ITS=MZ130514。

经济价值：未知。

152. 淡黄裙鬼笔 *Phallus luteus* (Liou & L. Hwang) T. Kasuya

简要特征: 子实体高 10~25 cm, 菌盖下散开出喇叭状菌裙。菌盖 (2.3~4.0) cm × (2.6~4.0) cm, 圆锥形至钟形, 橙色, 表面具明显的金黄色网纹, 顶部有凸出的孔, 有恶臭味。菌柄 (7.0~22.0) cm × (1.5~2.5) cm, 近圆柱形, 海绵状, 乳白色, 柔软且易碎。菌裙长 6.0~15.5 cm, 黄色, 发育良好, 起初在菌盖下收缩, 后展开至地面, 多孔, 孔圆形或多边形。菌托 2~3 cm, 根状, 黄白色, 表面光滑, 通过粉白色菌根附着在基质上。孢子 (3.0~4.0) μm × (1.5~2.0) μm, 深褐色, 圆柱形, 光滑, 透明。

生境: 单生于阔叶林和针阔叶混交林中地上。

研究标本: 2020 年 5 月 6 日, DCY2465 (HGASMF01-3969), Genbank 登录号 ITS= MZ666427。

经济价值: 未知。

153. 胶质射脉革菌 *Phlebia tremellosa* (Schrad.) Nakasone & Burds.

简要特征: 子实体一年生, 平伏反卷或具明显菌盖, 易与基物剥离, 肉质至革质。菌盖直径 3~6 cm, 窄半圆形, 淡黄色至黄褐色, 被小绒毛。子实层浅肉桂色, 具放射状脊, 干燥后似浅孔状。孔口圆形, 3~4 孔/mm。不育边缘流苏状, 宽约 3 mm。菌肉厚可达 2 mm, 灰白色。菌管红褐色, 长可达 1 mm。孢子 (4.0~4.5) μm × (1.0~1.5) μm, 腊肠形, 无色, 壁薄, 光滑, 非淀粉质, 不嗜蓝。

生境: 生于阔叶树的倒木和腐木上。

研究标本: 2020 年 11 月 21 日, DCY2985 (HGASMF01-10860)。

经济价值: 未知。

154. 透明变色卧孔菌 *Physisporinus vitreus* (Pers.) P. Karst.

简要特征: 担子果多为一年生, 平伏至平伏反卷。菌盖长可达 10 cm, 宽可达 8 cm, 新鲜时常为奶油色至米白色, 干燥后浅黄色, 边缘弯曲。菌管直径约 4 mm, 新鲜时半透明, 白色至乳白色, 伤后颜色变化不明显, 干燥后变黄褐色, 脆质。孔口圆形、角形、不规则形, 4~6 孔/mm。菌肉浅黄色, 厚约 1 mm。孢子 (5~6) μm × (4~5) μm, 近球形至椭圆形, 壁薄, 光滑。子实层无囊状体。

生境: 常生于阔叶树和针叶树上。

研究标本: 2021 年 6 月 5 日, DCY3199 (HGASMF01-13929)。

经济价值: 未知。

155. 肺形侧耳 *Pleurotus pulmonarius* (Fr.) Quél.

简要特征: 菌盖直径 5~10 cm, 倒卵形、肾形至近扇形, 白色, 光滑。菌肉白色, 近基部稍厚。菌褶延生, 不等长, 白色。菌柄(1.5~3.0)cm×(1.0~2.0)cm, 侧生, 白色, 具绒毛。担子(22.5~30.0)μm×(5.0~7.5)μm, 无色, 棍棒状, 具 4 个小梗, 小梗长 3.0~4.5 μm。孢子(7.5~10.0)μm×(2.8~5.0)μm, 无色, 光滑, 长椭圆形, 非淀粉质。

生境: 生于阔叶树的腐木上。

研究标本: 2018 年 5 月 5 日, 2018-26(HGASMF01-13244), Genbank 登录号 ITS=OK021566; 2020 年 5 月 17 日, DCY2494(HGASMF01-3942); 2021 年 4 月 9 日, LXL56(HGASMF01-13417), Genbank 登录号 ITS=OK021567。

经济价值: 食用菌, 已有人工栽培。

156. 金脉光柄菇 *Pluteus chrysophlebius* (Berk. & M. A. Curtis) Sacc

简要特征: 菌盖直径 2~4 cm, 凸镜形至平展形, 表面光滑, 橙黄色。菌肉薄脆, 白色带黄色。菌褶密集, 稍宽, 初期白色, 后变为粉红色或肉色。菌柄(3.0~8.0)cm×(0.4~1.0)cm, 近圆柱形, 向下渐粗, 黄白色, 纤维状。孢子(6~7)μm×(5~6)μm, 近圆球形、椭圆形至卵形, 光滑, 淡粉红色至淡粉黄色。

生境: 生于林中的腐木上。

研究标本：2018 年 6 月 7 日，2018-29（HGASMF01-13559），Genbank 登录号 ITS= MZ130517；2021 年 6 月 4 日，DCY3194（HGASMF01-13943）。

经济价值：未知。

157. 漏斗多孔菌 *Polyporus arcularius* (Batsch) Fr.

简要特征：子实体一年生，肉质至革质。菌盖直径 2~4 cm，圆形，黄色至黄褐色，被暗褐色鳞片。菌管直径可达 2 mm，黄色。孔口表面浅黄色，多角形，1~4 孔/mm。菌肉厚可达 1 mm，淡黄色至黄褐色。菌柄（10.0~30.0）mm×（0.2~0.4）mm，中生，圆柱形，褐色。孢子（8.2~9.8）μm×（2.8~3.2）μm，圆柱形，无色，壁薄，光滑，非淀粉质，不嗜蓝。

生境：生于阔叶树的死木和倒木上。

研究标本：2020 年 5 月 16 日，DCY2493（HGASMF01-3941），Genbank 登录号 ITS= MZ666429；2021 年 4 月 8 日，LXL03（HGASMF01-13386）；2021 年 4 月 10 日，LXL55（HGASMF01-13419）。

经济价值：药用菌。

158. 近似小黑多孔菌 *Polyporus subdictyopus* H. Lee, N. K. Kim & Y. W. Lim

简要特征: 子实体一年生, 具侧生柄, 革质。菌盖(2.0~4.0) cm×(1.5~3.0) cm, 扇形至半圆形, 红褐色至酒红褐色, 光滑, 具辐射状纵条纹, 边缘锐。菌管直径约 0.7 mm, 奶油色至土黄色。孔口表面奶油色至土黄色, 多角形, 6~7 孔/mm, 边缘薄, 全缘, 呈波浪状。菌肉厚约 1 mm, 奶油色至土黄色。菌柄约 1.0 cm×0.5 cm, 黑色。孢子(5.7~7.0) μm×(2.2~3.0) μm, 长圆柱形, 无色, 壁薄, 光滑, 非淀粉质, 不嗜蓝。

生境: 夏秋季单生于阔叶树的落叶、枯枝和倒木上, 可导致木材腐朽、变白。

研究标本: 2019 年 9 月 11 日, ZJ162(HGASMF01-3311), Genbank 登录号 ITS= MZ146341; 2021 年 8 月 14 日, DCY3341(HGASMF01-15032)、DCY3344(HGASMF01-15029)。

经济价值: 未知。

159. 变形多孔菌 *Polyporus varius* (Pers.) Fr.

简要特征：子实体一年生，具侧生柄。菌盖直径 4~8 cm，圆形至扇形，灰褐色至深褐色。菌肉厚可达 8 mm，白色至奶油色。菌管直径可达 4 mm，浅黄色，新鲜时肉质，延生至菌柄下部。孔口表面浅黄色或黄褐色，多角形，5~8 孔/mm，边缘薄，全缘。菌柄长可达 4 cm，直径可达 0.2 cm，表面被绒毛，基部黑褐色。孢子（7.5~9.5）μm×（2.5~3.5）μm，圆柱形，无色，壁薄，光滑。

生境：生于阔叶树的腐木上，可导致木材腐朽、变白。

研究标本：2021 年 3 月 21 日，DCY3125（HGASMF01–13120），Genbank 登录号 ITS= MZ413277。

经济价值：药用菌。

160. 白黄小脆柄菇 *Psathyrella candolleana* (Fr.) Maire

简要特征：菌盖直径 2~7 cm，幼时圆锥形，渐变为钟形，成熟后渐平展，初期具花边状菌幕残余，黄白色、淡黄色至浅褐色，具透明状条纹，成熟后边缘开裂，水浸状。菌肉薄，污白色至灰棕色。菌褶密集，直生，淡色至深紫色，边缘齿状。菌柄（4.0~7.0）cm×（0.3~0.5）cm，圆柱形，基部略膨大，幼时实心，成熟后中空，表面具白色纤毛。孢子

（6.5~8.2）μm×（3.5~5.1）μm，椭圆形至长椭圆形，光滑，淡棕褐色。

生境：群生于林中的腐木上。

研究标本：2018 年 5 月 5 日，2018-44（HGASMF01-14743）；2019 年 9 月 11 日，ZJ167（HGASMF01-3437），Genbank 登录号 ITS=MZ669218；2021 年 5 月 23 日，SZQ271（HGASMF01-13777）。

经济价值：食用菌。

161. 锥形小脆柄菇 *Psathyrella conica* T. Bau & J. Q. Yan

简要特征：菌盖直径 1.2~3.0 cm，圆锥形至斗笠形，顶端钝圆，水浸状，栗褐色；边缘具半透明条纹，颜色稍浅，呈白色，水浸状消失后呈污白色稍带褐色，干燥后变深褐色。菌肉厚约 3.0 mm，近菌柄处稍厚，污白色，易碎。菌褶宽 3~5 mm，密集，稍弯生，淡棕色，边缘锯齿状，白色。菌柄（3.4~8.5）cm×（0.2~0.7）cm，白色，稍具褐色丝光，表面具明显的丛毛鳞片，中空，脆骨质，基部稍膨大。孢子（7.5~8.5）μm×（4.0~4.5）μm，长椭圆形至圆柱形，黄褐色，非淀粉质，光滑，芽孔不明显或无芽孔，顶端不平截，内含 1~2 个油滴。

生境：单生或散生于阔叶林和针阔叶混交林中的腐木和腐殖质上。

研究标本：2021 年 4 月 9 日，①LXL43（HGASMF01-13391），Genbank 登录号 ITS=MZ823602，②LXL31（HGASMF01-13436）。

经济价值：未知。

162. 密褶小脆柄菇 *Psathyrella oboensis* Desjardin & B. A. Perry

简要特征: 菌盖直径 2.5~4.0 cm, 凸镜形, 褐色, 新鲜时水渍状, 表面具条纹。菌肉薄, 褐色。菌褶 1.0~1.5 mm, 直生, 密集, 窄, 褐色。菌柄 (3.0~4.0) cm × (0.2~0.4) cm, 中生, 近圆柱形, 白色带褐色, 表面鳞皮易消失。孢子 (5.0~6.0) μm × (3.0~3.5) μm, 椭圆形, 褐色, 非淀粉质, 顶端平截, 具明显芽孔。侧生囊状体和褶缘囊状体 (20~30) μm × (8~13) μm, 棒状。菌盖皮层细胞直径 20~35 μm, 拟薄壁组织状排列, 泡囊状。

生境: 群生于林中地上。

研究标本: 2018 年 6 月 14 日, 2018-42 (HGASMF01-13562), Genbank 登录号 ITS= MZ146352。

经济价值: 未知。

163. 胶质刺银耳 *Pseudohydnum gelatinosum* (Scop.) P. Karst.

简要特征: 菌盖直径 1~2 cm, 贝壳形至近半圆形, 胶质, 不黏, 表面光滑或具微细绒毛, 透明, 白色、浅灰色或褐色。子实层齿状, 白色。菌柄 (0.5~0.8) cm × (0.2~0.4) cm, 侧生, 圆柱形, 胶质, 透明, 白色至浅灰色。孢子 (4.8~7.4) μm × (4.3~7.0) μm, 球形, 光滑, 无色。

生境: 单生或群生于针叶林和针阔叶混交林中的腐木上。

研究标本: 2020 年 3 月 30 日, DCY2513 (HGASMF01-13241)。

经济价值: 未知。

164. 蓝伏革菌 *Pulcherricium coeruleum* (Lam.) Parmasto

简要特征：子实体一年生，平伏，革质，长可达 50 cm，宽可达 15 cm，厚可达 5 mm。子实层新鲜时深蓝色，干燥后污蓝色，光滑或其小的疣状凸起。不育边缘不明显。孢子（7~9）μm×（4~6）μm，椭圆形，无色，壁薄，光滑，非淀粉质，嗜蓝。

生境：生于阔叶树的倒木上。

研究标本：2019 年 9 月 10 日，FQM58（HGASMF01-1927）。

经济价值：未知。

165. 褐点粉末牛肝菌 *Pulveroboletus brunneopunctatus* G. Wu & Zhu L. Yang

简要特征：菌盖直径 2~5 cm，凸镜形至平展形，表面被黄褐色鳞片，菌盖边缘有菌幕残余。菌肉白色，较厚。菌管黄色，幼嫩时表面有 1 层絮状菌幕，成熟后消失。菌柄（4.0~7.0）cm×（0.5~1.0）cm，圆柱形，与菌盖同色，被浅褐色鳞片。孢子（7.5~10.0）μm×（5.0~6.0）μm，光滑。

生境：单生、散生或群生于山毛榉科林中地上。

研究标本：2019 年 8 月 17 日，DCY2030（HGASMF01-3374）。

经济价值：未知。

166. 血红密孔菌 *Pycnoporus sanguineus* (L.) Murrill

简要特征：子实体一年生，革质。菌盖直径 2~5 cm，扇形、半圆形或肾形，红褐色。菌管红褐色，长可达 2 mm。孔口表面新鲜时砖红色，近圆形，5~6 孔/mm，边缘薄，全缘，杏黄色，直径可达 1 mm。菌肉厚可达 13 mm，浅红褐色。不育边缘明显。孢子（3.6~4.4）μm×（1.7~2.0）μm，长椭圆形，无色，壁薄，光滑，非淀粉质，不嗜蓝。

生境：单生或簇生于阔叶树的倒木、腐木和树桩上。

研究标本：2019 年 9 月 10 日，ZJ133（HGASMF01-1942）；2021 年 4 月 7 日，LXL08（HGASMF01-13381）。

经济价值：药用菌。

167. 考氏齿舌革菌 *Radulodon copelandii* (Pat.) N. Maek

简要特征: 子实体高 10~30 cm, 白色, 刺状, 较密集, 没有明显气味。刺体从基部逐渐缩小, 无毛; 刺之间白色, 无毛; 边缘白色, 紧贴附着物, 厚 0.5~2.0 mm, 有毛缘。菌肉极薄, 白色。菌丝宽 2~4 μm, 隔膜处皆具锁状联合结构; 菌丝体交织型, 排列松散, 容易分

离。担子 (29~35) μm × (6~7) μm, 棒状, 具 4 个小梗, 小梗长 4~6 μm。孢子 (6~7) μm × (5~6) μm, 近球形, 壁厚, 透明。

生境: 生于阔叶树的活立木和腐木上。

研究标本: 2019 年 9 月 10 日, FQM65 (HGASMF01-1937), Genbank 登录号 ITS= MZ146376。

经济价值: 未知。

168. 密枝瑚菌 *Ramaria stricta* (Pers.) Quél.

简要特征: 子实体 (5~8) cm × (4~7) cm, 淡黄色至土黄色, 干燥后黄褐色。菌柄长 2~6 cm, 淡黄色, 向上不规则二叉状分枝。小枝细而密, 直立状, 尖端具 2~3 个细齿, 浅黄色。菌肉白色, 内部实心, 味道微辣, 有时带芳香味。孢子 (6.5~10.2) μm × (3.6~5.0) μm, 椭圆形, 近光滑或稍粗糙, 淡黄褐色。

生境: 夏秋季群生于阔叶林中的腐木上。

研究标本: 2020 年 5 月 16 日, DCY2503 (HGASMF01-3929)。

经济价值: 食用菌。

169. 瘦脐菇 *Rickenella fibula* (Bull.) Raithelh.

简要特征：菌盖直径 0.2~1.0 cm，初钟
形，后凸镜形，橙黄色，中央下凹或平整，
表面具细绒毛，条纹明显或不明显。菌褶
延生，奶油色至淡黄色，不等长，中等密
集。菌柄（1.0~5.0）cm×（0.1~0.2）cm，圆
柱形，橙黄色。基部菌丝白色。孢子（3.0~
4.0）μm×（1.5~2.5）μm，椭圆形，非淀粉
质，无色，光滑。

生境：单生、散生或群生于苔藓上。

研究标本：2021 年 6 月 6 日，DCY3255
（HGASMF01-13934）。

经济价值：未知。

170. 黏柄小菇 *Roridomyces roridus* (Fr.) Rexer

简要特征：菌盖直径 0.8~3.0 cm，半球形至钟形，不黏，白色，有明显的条纹。菌肉
薄，白色。菌褶直生或延生，白色，稀疏。菌柄（4.0~8.0）mm×（0.2~0.5）mm，表面胶质，
黏，白色。孢子（8.5~10.5）μm×（4.5~5.5）μm，椭圆形，光滑，无色，淀粉质。

生境：夏季丛生于针阔叶混交林中阔叶树的腐木和草地上。

研究标本：2019 年 9 月 10 日，①ZJ125（HGASMF01-1928），Genbank 登录号 ITS=
MZ823623，②ZJ124（HGASMF01-1926）；2021 年 4 月 8 日，LXL20（HGASMF01-13447）。

经济价值：未知。

171. 洛腹菌 *Rossbeevera paracyanea* Orihara

简要特征: 子实体直径 0.6~1.2 cm, 近球形至扁形, 无柄, 基部具根状菌索。包被灰色, 伤后变淡紫色。孢体幼时灰白色。小腔宽 0.3~1.0 mm, 空虚或充满孢子。中柱缺如。菌髓片局部或全部胶质化。孢子椭圆形至短梭状。

生境: 生于阔叶林中地上。

研究标本: 2020 年 5 月 17 日, DCY2527 (HGASMF01–11901), Genbank 登录号 ITS= MZ672016。

经济价值: 未知。

172. 蓝黄红菇 *Russula cyanoxantha* (Schaeff.) Fr.

简要特征：子实体中等。菌盖直径 4.0~11.5 cm，初凸镜形，后平展形，紫粉色至浅绿色或橄榄绿色，边缘光滑，无条纹。菌肉厚 0.3~1.0 cm，白色，无特殊气味。菌褶宽 0.25~0.80 cm，直生，密集，等长，褶间有横脉，白色至奶油色。菌柄（3.5~9.0）cm×（1.2~3.0）cm，中生，近圆柱形。担子棒状，具 2~4 个小梗。孢子（6.5~9.0）μm×（6.0~7.5）μm，近球形至宽椭球形，表面有小疣，疣刺间少有连线，不形成网纹。

生境：散生或群生于针阔叶混交林下。

研究标本：2019 年 8 月 10 日，DCY2017（HGASMF01-3553），Genbank 登录号 ITS=MZ666426。

经济价值：食用菌。

173. 东方微紫红菇 *Russula orientipurpurea* Wisitr., H. Lee & Y. W. Lim

简要特征：菌盖直径 5.2~6.0 cm，平展形，中央凹陷，淡奶油色，带有泛红的淡紫色至紫色斑点，光滑，边缘具短条纹，湿时黏，表皮从边缘可以剥离 1/2~3/4。菌肉厚 2~3 mm，白色，味道柔和，略带水果气味。菌褶宽 4~5 mm，直生，白色至淡黄色，近柄处具分叉，具小菌褶，边缘处 11~19 片/cm。菌柄（4.0~5.0）cm×（1.1~1.3）cm，中生，圆柱形，表面光滑，具纵条纹，白色，有时灰红色，中空。孢子印白色至乳白色。孢子（6.3~8.6）μm×（5.4~7.6）μm，近球形至宽椭圆形，疣刺间多连线形成不完整或完整的网纹。担子（28.0~45.0）μm×（7.5~14.5）μm，棒状，具 2~4 个小梗。

生境：单生或散生于栎树和松属植物混交林中地上。

研究标本：2019 年 8 月 17 日，DCY2039（HGASMF01–3575），Genbank 登录号 ITS= D3514。

经济价值：未知。

174. 双色红菇 *Russula versicolor* Jul. Schäff.

简要特征：子实体小型至中等。菌盖直径 3.5~4.7 cm，初半球形，后平展形，浅肉色，中央颜色较深，呈红褐色至暗褐色，光滑，无附属物。菌肉厚 3~6 mm，白色，无明显的气味，味道柔和。菌褶宽 2~4 mm，离生，近等长，边缘处 6~9 片/cm，边缘光滑。菌柄（4.5~7.5）cm×（0.6~1.3）cm，近圆柱形至棒状，基部渐粗，白色，脆骨质，中空。孢子（6~8）μm×（5~6）μm，近球形至宽椭球形，疣刺间多连线形成近于完整至完整的网纹。

生境：散生于针阔叶混交林中地上。

研究标本：2021 年 5 月 24 日，SZQ275（HGASMF01–13760）。

经济价值：未知。

175. 绿桂红菇 *Russula viridicinnamomea* F. Yuan & Y. Song

简要特征：子实体小型至中等。菌盖直径3~6 cm，初半球形，后平展形，浅灰绿色至浅黄绿色，光滑，有光泽。菌褶宽3~6 mm，直生，等长，密集，褶间具横脉。菌柄（2.5~7.0）cm×（0.7~1.3）cm，近圆柱形，近基部略细，白色。菌肉厚2~4 mm，白色，无明显的气味，味道柔和。孢子印白色。孢子（5~7）μm×（4~6）μm，近球形至宽椭球形，表面纹饰高0.4~0.6 μm，主要由钝圆的疣和短嵴状纹饰连接组成，形成近于完整至完整的网纹，分散疣状纹饰极少。

生境：生于针阔叶混交林中地上。

研究标本：2019年9月10日，①ZJ136（HGASMF01–1945），Genbank登录号ITS=MZ146379，②ZJ137（HGASMF01–13240）。

经济价值：食用菌。

176. 裂褶菌 *Schizophyllum commune* Fr.

简要特征：菌盖直径5~40 mm，白色、灰白色至黄棕色，扇形，表面被绒毛或粗毛，边缘常内卷，常呈瓣状。菌肉薄，白色。菌褶窄，白色、灰白色至黄棕色，不等长。菌柄较短或无。孢子印白色。孢子（5.0~7.5）μm×（2.0~4.0）μm，椭圆形至圆柱形，光滑，无色。

生境：散生、群生或叠生于阔叶林和针阔叶混交林中的腐木和倒木上。

研究标本：2021年3月13日，DCY3058（HGASMF01–13096）；2021年4月9日，LXL59（HGASMF01–13414）；2021年5月23日，SZQ272（HGASMF01–13763）。

经济价值：食用菌、药用菌，已有人工栽培。

177. 马勃状硬皮马勃 *Scleroderma areolatum* Ehrenb.

简要特征: 担子果高 3.0~5.5 cm。孢子囊球形至扁球形, 高 0.8~1.3 cm, 直径 1.0~1.8 cm。外包被膜质, 老熟后大部分脱落, 基部永存, 呈 1 个杯状包裹于内包被的基部, 表面有鳞

片, 淡黄褐色。内包被膜质, 淡黄褐色至污白色, 光滑。顶孔流苏状, 稍凸起, 后撕裂。菌柄(2.2~4.2)mm×(2.0~3.5)mm, 圆柱形, 淡黄褐色至污白色, 中空, 具纵条纹和少量鳞片。孢子直径 5~7 μm, 近球形, 具明显的疣刺。

生境: 群生或单生于阔叶林或针阔叶混交林中地上。

研究标本: 2021 年 8 月 13 日, DCY3366(HGASMF01-15005)。

经济价值: 药用菌。

178. 橙黄硬皮马勃 *Scleroderma citrinum* Pers.

简要特征: 子实体高 3~6 cm, 近球形。外包被黄褐色, 具深褐色的小斑片或小鳞片, 成熟时不规则开裂。包被切面及内表面黄色至鲜佛手黄色。孢体灰褐色或紫灰色, 后变为暗棕灰色至灰褐色或紫黑色。孢子直径 6~9 μm, 近球形至球形, 黄褐色至暗褐色, 壁厚, 非淀粉质, 不嗜蓝。

生境: 夏秋季单生或群生于阔叶林和针阔叶混交林中地上。

研究标本: 2020 年 10 月 20 日, GH812(HGASMF01-10956), Genbank 登录号 ITS= MZ519900。

经济价值: 药用菌。

179. 密绒盖伞 *Simocybe centunculus* (Fr.) P. Karst.

简要特征：菌盖直径 4~6 cm，平展形，橄榄褐色，具绒毛状物，水渍状，有透明条纹，边缘平展。菌肉薄，褐色。菌褶 3~5 mm，弯生，浅褐色。菌柄（1.0~3.0）cm×（0.1~0.2）cm，圆柱形，具白色纤毛状物，基部具白色绒毛状菌丝体，表面光滑。孢子（6.0~8.5）μm×（4.0~5.5）μm，椭圆形，壁厚，顶端萌发孔不明显。

生境：生于林中地上。

研究标本：2018 年 5 月 5 日，2018-44（HGASMF01-14743），Genbank 登录号 ITS=MZ666425。

经济价值：未知。

180. 白漏斗囊泡杯伞 *Singerocybe alboinfundibuliformis* (Seok, Yang S. Kim, K. M. Park, W. G. Kim, K. H. Yoo & I. C. Park) Zhu L. Yang, J. Qin & Har. Takah.

简要特征：菌盖直径 1~5 cm，漏斗状至喇叭状，中央深陷，纯白色至黄白色，边缘内卷，水渍状，表面光滑。菌肉极薄，纯白色，有愉悦的气味。菌褶宽 1.0~1.5 mm，延生，较稀疏，纯白色，无明显的网状横脉。菌柄（2.0~4.0）cm×（0.3~0.6）cm，圆柱形，向基部渐细，基部稍膨大，纯白色，成熟后黄白色至淡褐色，光滑。担子（15~28）μm×（4~8）μm，棒形，具 4 个小梗。孢子（4~7）μm×（3~4）μm，椭圆形泪滴状，无色，光滑，透明，壁薄，非淀粉质。囊状体未见。菌盖皮层菌丝平伏。锁状联合常见。

生境：单生或群生于壳斗科等混交林中的腐殖质和腐木上。

研究标本：2019 年 9 月 11 日，ZJ163（HGASMF01-1979）；2020 年 8 月 4 日，WM438（HGASMF01-5263）。

经济价值：食用菌。

181. 华湿伞一种 *Sinohygrocybe* sp.

简要特征：菌盖直径 3~5 cm，凸镜形至平展形，淡黄色至橙黄色。菌褶弯生，与菌盖同色，稀疏，不等长，具不明显的横脉。菌柄（4.0~8.0）cm×（0.4~0.8）cm，中生，圆柱形，空心，有不明显的白色纤毛或绒毛。孢子（8~10）μm×（5~7）μm，椭圆形，壁薄，透明，光滑。担子（41~80）μm×（4~10）μm，具 4 个孢子。锁状联合存在。

生境：群生于阔叶林中地上。

研究标本：2021 年 3 月 14 日，DCY3074（HGASMF01-13081）。

经济价值：未知。

182. 根柄革菌 *Stereopsis radicans* (Berk.) D. A. Reid

简要特征：子实体革质，一年生，有柄。菌盖（1~3）cm×（1~2）cm，高 2~3 cm，花瓣状至浅漏斗状，黄褐色。子实层光滑，白色、浅粉色至粉紫色。菌柄（1.0~1.5）cm×（0.3~0.6）cm，圆柱形。担子棒状，具 2~4 个小梗。孢子直径 7~8 μm，近球形，壁薄，光滑，初期透明，后期变暗。锁状联合存在。

生境：生于腐烂的竹竿上。

研究标本：2019 年 9 月 11 日，ZJ147（HGASMF01-1964），Genbank 登录号 ITS=MZ672027。

经济价值：未知。

183. 烟色血韧革菌 *Stereum gausapatum* (Fr.) Fr.

简要特征：子实体小，覆瓦状丛生，革质，宽 1~2 cm，被细长毛或粗毛，烟色，具辐射状皱褶。子实层厚 0.4~0.7 mm，粉灰色至浅灰褐色，伤后变色且流汁液，中间层与绒毛层之间有紧密、有色的边缘带。孢子（5.0~8.0）μm×（2.5~3.5）μm，长椭圆形，无色，光滑。担子圆柱形，壁薄。囊状体圆柱形，壁厚 0.5~1.5 μm，有棕色内含物。无锁状联合。

生境：群生于橡树的枯木上。通常长在树皮的缝隙中，容易引起木质腐烂。

研究标本：2018 年 5 月 5 日，2018-41（HGASMF01-14985）；2021 年 6 月 5 日，DCY3204（HGASMF01-13924）。

经济价值：未知。

184. 粗毛韧革菌 *Stereum hirsutum* (Willid.) Pers

简要特征：子实体一至二年生，平伏至具明显菌盖，韧革质。菌盖圆形至贝壳形，外伸长可达 3 cm，宽可达 10 cm，基部厚可达 2 mm，表面浅黄色至锈黄色，具同心环纹，被灰白色至深灰色硬毛或粗绒毛，边缘锐，波状，干燥后内卷。子实层奶油色至棕色，光滑或具瘤状凸起。菌肉厚可达 1 mm，奶油色。绒毛层与菌肉层之间具 1 个深褐色环带。孢子（6.5~8.9）μm×（2.7~3.8）μm，圆柱形至腊肠形，无色，壁薄，光滑，淀粉质，不嗜蓝。

生境：生于多种阔叶树的倒木、储木和树桩上。

研究标本：2019 年 9 月 10 日，ZJ131（HGASMF01-1938），Genbank

登录号 ITS=MZ823625；2019 年 9 月 11 日，FQM84（HGASMF01–1971），Genbank 登录号 ITS=MZ823594；2020 年 8 月 4 日，WM448（HGASMF01–5253），Genbank 登录号 ITS=MZ8236；2020 年 11 月 21 日，DCY2981（HGASMF01–10864），Genbank 登录号 ITS=MZ519917。

经济价值：药用菌。

185. 石栎韧革菌 *Stereum lithocarpi* Y. C. Dai

简要特征：子实体一年生，相邻子实体连接，覆瓦状叠生，新鲜时革质，干燥时硬木塞状。菌盖扇形，外伸长可达6 cm，宽约10 cm，基部厚约2 mm，边缘锐，波状。表面浅黄色，干时淡黄色至赭黄色，同心环纹不明显，被绒毛至粗绒毛。子实层表面光滑，新鲜时淡黄色，伤后不变色，干燥后呈淡红色。担子（31~38）μm×（5~7）μm，棍棒状，基部有 1 层隔膜，具 4 个小梗，幼担子大多棍棒状，稍小于担子。孢子（5.1~6.7）μm×（3.0~4.0）μm，椭球形，透明，壁薄，光滑。

生境：生于林中的腐木上。

研究标本：2021 年 4 月 8 日，LXL21（HGASMF01–13446），Genbank 登录号 ITS=MZ668962。

经济价值：未知。

186. 扁韧革菌 *Stereum ostrea* (Blume & T. Nees) Fr.

简要特征：子实体一年生，无柄或具短柄，覆瓦状叠生，革质。菌盖半圆形至扇形，长可达 6 cm，宽可达 14 cm，基部厚可达 1 mm，表面鲜黄色至浅栗色，具明显的同心环带，被微细短绒毛，边缘薄，锐，新鲜时金黄色，全缘或开裂，干燥后内卷。子实层肉色至蛋壳色，光滑。菌肉浅黄褐色，厚可达 1 mm。孢子（5.0~6.0）μm×（2.2~3.0）μm，宽椭圆形，无色，壁薄，光滑，淀粉质，不嗜蓝。

生境：春季至秋季生于阔叶树的死木、倒木、腐木和树桩上，可导致木材腐朽、变白。

研究标本：2020 年 8 月 4 日，WM425（HGASMF01-5275）；2020 年 11 月 21 日，DCY2996（HGASMF01-10849）；2021 年 3 月 21 日，DCY3126（HGASMF01-13119）。

经济价值：药用菌。

187. 吉林球盖菇 *Stropharia jilinensis* T. Bau & E. J. Tian

简要特征：菌盖直径 4~8 cm，凸镜形至半球形，后期渐平展，灰紫罗兰色或暗黄褐色，表面稍黏，具黄褐色至暗褐色覆瓦状鳞片，边缘具菌幕残余。菌肉白色至灰白色，较厚，气味温和。菌褶直生至弯生，浅肉桂色至浅棕褐色，较密集，边缘锯齿状。菌柄（3.5~8.0）cm×（0.6~1.8）cm，圆柱形或向下渐粗，基部略膨大，中空，白色至污白色。菌环中位，较薄，易脱落，白色至淡黄色。孢子（6.0~8.0）μm×（4.0~5.5）μm，椭圆形至卵圆形，光滑，壁厚，芽孔不明显。担子（21.0~22.0）μm×（6.5~7.5）μm，棒状，具 4 个小梗。囊状体常见。

生境：生于针叶林和针阔叶混交林中地上。

研究标本：2020 年 12 月 17 日，①GH772（HGASMF01-12849），Genbank 登录号 ITS=MZ520631，②GH774（HGASMF01-12554），Genbank 登录号 ITS=MZ520632。

经济价值：食用菌。

188. 松林乳牛肝菌 *Suillus pinetorum* (W. F. Chiu) H. Engel & Klofac

简要特征：菌盖直径 3~10 cm，浅黄色、土棕色至深棕色，边缘通常不规则，稍卷曲，颜色较浅。菌肉白色至灰粉色，伤后不变色。菌管延生，表面黄色，伤后变色为灰绿色或黑色。菌柄（5.0~8.0）cm×（0.6~1.0）cm，棒状，土黄色，无菌环。菌柄白色，基部粉色。孢子印橄榄绿色至棕色。孢子（8~10）μm×（3~4）μm，近纺锤形，光滑。

生境：一般群生于路边、空地和森林边缘的松树下。

研究标本：2019 年 9 月 10 日，ZJ132（HGASMF01-1940），Genbank 登录号 ITS=MZ520633；2021 年 4 月 10 日，LXL54（HGASMF01-13418）。

经济价值：食用菌。

189. 偏肿栓菌 *Trametes gibbosa* (Pers.) Fr.

简要特征：子实体中等至大型，一年生，木栓质，无柄。菌盖（5~14）cm×（7~25）cm，半圆形至扁平，浅灰色至灰白色，近基部颜色较深，肉桂色，表面密被绒毛，后渐脱落，具较宽的同心环纹和棱纹，边缘较薄，钝圆或波状。菌肉厚 3~25 mm，白色。菌管直径 3~10 mm，与菌肉同色，壁厚，完整，放射状排列，有时局部呈短褶状。孢子（4~6）μm×（2~3）μm，长椭圆形，无色，光滑。

生境：单生或叠生于针阔叶混交林中的枯木和腐木上。

研究标本：2020 年 11 月 21 日，DCY2994（HGASMF01-10851），Genbank 登录号 ITS= MZ820428。

经济价值：药用菌。

190. 毛栓菌 *Trametes hirsuta* (Wulfen) Lloyd

简要特征：菌盖直径约 10 cm，半圆形至肾形，具不规则弧形条带径沟，被浓密的绒毛，同心圆纹灰色、白色、棕色相间，边缘棕色、棕黑色至黑色。菌孔圆形或角形，孔面白色，成熟后变为棕色、灰色或黄色，3~4 孔/mm。菌管直径约 6 mm，壁薄。菌肉白色，软木质。孢子印白色。孢子（6.0~9.0）μm×（2.0~2.5）μm，光滑，圆柱形，非淀粉质。囊状体缺失。

生境：夏秋季群生于枯木和腐木上。

研究标本：2020 年 8 月 4 日，WM448（HGASMF01-5253），Genbank 登录号 ITS=MZ519903；2021 年 3 月 14 日，DCY3084（HGASMF01-13072）、DCY3107（HGASMF01-13048）；2021 年 4 月 8 日，LXL19（HGASMF01-13449）；2021 年 5 月 23 日，SZQ270（HGASMF01-13778）。

经济价值：未知。

191. 绒毛栓菌 *Trametes pubescens* (Schumach.) Pilát

简要特征：菌盖白色至奶油色，软木质，具半圆形的条带，表面被绒毛，直径约 8 cm。菌肉厚约 5 mm，通常分层，无明显的气味和味道。菌管白色，高 4~6 mm，角形，大小和形状通常不固定，3~5 孔/mm。孢子（5.0~6.0）μm×（1.5~2.5）μm，圆柱形至腊肠形，非淀粉质。

生境：夏末秋初群生于阔叶林（包括果树）中的树干和枝干上。

研究标本：2020 年 11 月 22 日，DCY2980（HGASMF01–10865）；2021 年 6 月 4 日，DCY3195（HGASMF01–13942）。

经济价值：药用菌。

192. 褐扇栓孔菌 *Trametes vernicipes* (Berk.) Zmitr.

简要特征: 菌盖直径 3~5 cm, 橄榄褐色至棕黄色, 成熟后褐色, 具直立的糙伏毛, 边缘薄。子实层孔状, 3~5 孔/mm, 壁薄, 成熟后呈角形。菌肉白色至奶白色。无柄或具坚硬的粗柄。孢子(5.0~6.5)μm×(2.0~2.5)μm, 圆柱形至纺锤形。菌丝直径 2.5~8.0 μm, 有分枝, 透明状。

生境: 群生于林中的腐木上。

研究标本: 2020 年 5 月 17 日, DCY2535(HGASMF01-12536), Genbank 登录号 ITS=MZ413268; 2021 年 3 月 20 日, DCY3113(HGASMF01-13132)。

经济价值: 药用菌。

193. 云芝 *Trametes versicolor* (L.) Lloyd

简要特征: 菌盖直径 3~6 cm, 橄榄褐色至黄棕色, 或者为暗蓝色, 被绒毛, 条带有非常明确的边。子实层多孔, 3~5 孔/mm, 壁薄, 成熟后呈角形。孢子(5.0~6.5)μm×(2.0~2.5)μm, 圆柱形。菌丝宽 2.5~8.0 μm, 假轴式分枝, 透明状。

生境: 生于活立木腐木上。

研究标本: 2020 年 9 月 10 日, ZJ140(HGASMF01-1950), Genbank 登录号 ITS=MZ520634; 2020 年 10 月 20 日, GH801(HGASMF01-10936); 2020 年 11 月 21 日, DCY2966(HGASMF01-10879)。

经济价值: 药用菌。

194. 脑状银耳 *Tremella cerebriformis* Chee J. Chen

简要特征: 子实体大型, 直径 5~10 cm, 球形, 花瓣状, 半透明, 纯白色至乳白色, 富有弹性, 干燥后收缩, 硬而脆, 白色至米黄色。担子(9~10)μm×(10~13)μm, 近球形, 纵向分隔。孢子(4.0~6.0)μm×(7.0~8.5)μm, 无色, 光滑, 近球形。

生境：单生或群生于林中的腐木上。

研究标本：2021 年 3 月 13 日，①DCY3081（HGASMF01-13074），Genbank 登录号 ITS=OK021569，②DCY3072（HGASMF01-13083），③DCY3080（HGASMF01-13075）；2021 年 3 月 14 日，DCY3098（HGASMF01-13057），Genbank 登录号 ITS=OK021586。

经济价值：未知。

195. 黄白银耳 *Tremella flava* Chee J. Chen

简要特征：担子果柔软，胶质，平展形，直径 1.2~2.5 cm，花瓣状，橙色至金黄色，半透明，干燥后颜色较深。菌丝直径 2.5~4.5 μm。下担子（10.0~14.5）μm×（7.0~12.5）μm，球形至卵形，2~4 个，"十"字形纵隔或稍斜隔。担孢子（5.0~8.0）μm×（4.1~6.5）μm，近球形至卵形，有钝尖，萌发产生再生孢子或球形至卵形的分生孢子。

生境：生于林中的腐木上。

研究标本：2021 年 3 月 14 日，DCY3104（HGASMF01-13051），Genbank 登录号 ITS=OK021585；2021 年 5 月 22 日，SZQ269（HGASMF01-13723）。

经济价值：食用菌、药用菌。

196. 冷杉附毛菌 *Trichaptum abietinum* (Pers. ex J. F. Gmel.) Ryvarden

简要特征：子实体一年生，平伏至具明显菌盖。菌盖直径 1~4 cm，半圆形至扇形，厚可达 2 mm，灰色至灰黑色，被细绒毛，具明显的同心环带，边缘锐，干燥后内卷。子实层初期孔状，多角形，后期渐撕裂，齿状，3~5 齿/mm。孔口表面紫色至赭色，边缘薄，撕裂状。不育边缘不明显。菌肉厚可达 0.5 mm，上层灰白色，下层褐色。菌管直径约 1.5 mm，齿状，灰褐色。孢子（5.5~7.0）μm×（2.5~3.0）μm，圆柱形，无色，壁薄，光滑，非淀粉质，不嗜蓝。

生境：春季至秋季生于针叶树的死木、倒木和树桩上。

研究标本：2021 年 3 月 14 日，DCY3087（HGASMF01-13068）；2021 年 8 月 14 日，DCY3336（HGASMF01-15037），Genbank 登录号 ITS=MZ951160。

经济价值：药用菌。

197. 棕灰口蘑 *Tricholoma terreum* (Schaeff.) P. Kumm

简要特征：子实体中等。菌盖直径 2~9 cm，半球形至平展形，中央稍凸起，灰褐色至褐灰色，干燥，具暗灰褐色纤毛状小鳞片，老后边缘开裂。菌肉白色，稍厚，无明显气味。菌褶灰白色，稍密集，弯生，不等长。菌柄（2.5~8.0）cm×（1.0~2.0）cm，柱形，白色至污白色，具细软毛，内部松软至中空，基部稍膨大。孢子印白色。孢子（6.2~8.0）μm×（4.7~5.0）μm，无色，

光滑，椭圆形。

生境：生于松林和针阔叶混交林中地上。

研究标本：2018年5月5日，2018-32（HGASMF01-14418），Genbank登录号ITS=MZ520616。

经济价值：食用菌。

198. 竹林拟口蘑 *Tricholomopsis bambusina* Hongo

简要特征：子实体较小。菌盖直径3~5 cm，扁半球形至近平展形，暗褐色，具明显的暗红褐色鳞片。菌肉黄白色或白色。菌褶黄色，近直生，不等长。菌柄（5.0~7.0）cm×（0.5~1.0）cm，圆柱形，浅黄色，具纤毛状鳞片，基部稍膨大，内部松软至中空。孢子（5.6~6.4）μm×（3.0~3.8）μm，椭圆形，光滑。褶缘囊状体（55~89）μm×（11~18）μm，棒状或近纺锤状。

生境：散生或群生于竹阔叶混交林中的腐木上。

研究标本：2021年8月14日，DCY3334（HGASMF01-15017）。

经济价值：药用菌。

199. 鳞皮假脐菇 *Tubaria furfuracea* (Pers.) Gillet

简要特征：菌盖直径1~3 cm，凸镜形至平展形，黄褐色至浅黄色，边缘初内卷，后展开成波浪状，有时具白色的鳞片状菌幕。菌肉薄，黄色至土黄色，无特殊的味道。菌褶密集，具脉纹，初淡黄色，后变黄色至黄褐色。菌柄（2.5~5.0）cm×（0.2~0.4）cm，黄色至黄褐色，中空，基部具纤维状绒毛，表面具白色纤维状菌幕。菌环不明显，常位于菌柄的上部。孢子（6.0~9.0）μm×（4.5~5.0）μm，卵形至椭圆形，赭黄色至肉色或淡黄色，光滑，壁薄。

生境：散生或群生于针叶林中的腐木或地上。

研究标本：2021 年 3 月 14 日，①DCY3090（HGASMF01-13065），Genbank 登录号 ITS=
OK021584，②DCY3096（HGASMF01-13059）。

经济价值：未知。

200. 薄皮干酪菌 *Tyromyces chioneus* (Fr.) P. Karst.

简要特征：菌盖直径 8~12 cm，半球形或肾形，初期具细绒毛，后期具皱纹，干燥，白
色、淡黄色至褐色，柔软。孔面白色至黄色，管口圆形或角形，3~5 孔/mm。孢子（4.0~
5.0）μm×（1.5~2.0）μm，椭圆形，光滑，无色。

生境：生于阔叶树的树桩上。

研究标本：2019 年 9 月 10 日，①FQM57（HGASMF01-1925），②DCY3124（HGASMF01-
13121），Genbank 登录号 ITS=MZ413279；2020 年 11 月 21 日，DCY2969（HGASMF01-10876）；
2021 年 3 月 13 日，DCY3079（HGASMF01-13076）；2021 年 3 月 21 日，DCY3127（HGASMF01-
13118）；2021 年 4 月 7 日，LXL05（HGASMF01-13384）。

经济价值：食用菌。

201. 毛蹄干酪菌 *Tyromyces galactinus* (Berk.) J. Lowe

简要特征: 子实体一年生, 覆瓦状叠生, 肉质至革质。菌盖半圆形或近扇形, 向外伸长可达 8 cm, 宽可达 10 cm, 中央厚可达 4 mm, 表面白色至黄褐色, 具辐射状褶皱, 边缘薄且锐, 干燥后稍内卷。菌盖厚可达 1 cm, 淡黄色。孔口表面白色至黄褐色, 多角形, 5~7 孔/mm, 边缘薄, 全缘至撕裂状。不育边缘几乎无。菌管直径可达 3 mm, 与菌肉同色。孢子 (2.8~3.6) μm × (2.2~2.8) μm, 宽椭圆形, 无色, 壁薄, 光滑, 非淀粉质, 不嗜蓝。

生境: 夏季生于阔叶树的倒木上, 可导致木材腐朽、变白。

研究标本: 2021 年 3 月 21 日, DCY3124 (HGASMF01-13121)。

经济价值: 未知。

202. 长孢绒盖牛肝菌 *Boletus rugosellus* W. F. Chiu

简要特征: 子实体中等至大型。菌盖直径 4.5~11.0 cm, 半球形, 后期近平展形, 光滑或有光泽, 干而不黏, 土红褐色。菌肉白色至黄色, 伤后不变色。菌管直径 5~7 mm, 青黄色, 离生。管口直径约 0.5 mm, 与菌管同色, 多角形。菌柄 (8.0~15.0) cm × (0.7~1.4) cm, 近柱形, 顶部渐细, 带黄色, 向下呈粉色, 具褐色纤丝状条纹, 有时带有玫瑰红色, 亦有白色粉状物。孢子 (10.9~17.0) μm × (4.5~5.6) μm, 椭圆形。

生境: 单生或散生于针阔叶混交林中地上。

研究标本: 2021 年 5 月 22 日, SZQ263 (HGASMF01-13708)、SZQ242 (HGASMF01-13730)。

经济价值: 食用菌。

203. 干脐菇 *Xeromphalina campanelloides* Redhead

简要特征: 菌盖直径 1~3 cm, 初期半球形, 中央下凹成脐状, 后期边缘展开近似漏斗状, 表面湿润, 光滑, 橙黄色, 边缘具明显的条纹。菌肉很薄, 膜质, 黄色。菌褶直生至延生, 浅黄色至浅橙色, 密集至稍稀疏, 不等长, 稍宽, 褶间有横脉相连。菌柄(1.0~4.0)cm×(0.2~0.5)cm, 圆柱形, 常向下渐细, 上部呈浅黄褐色, 下部呈暗红褐色, 内部松软至中空。孢子(6.0~7.5)μm×(2.0~3.5)μm, 椭圆形, 光滑, 无色, 淀粉质。

生境: 群生于林中的腐木上。

研究标本: 2021年3月13日, DCY3071(HGASMF01-13084), Genbank 登录号 ITS=MZ645968。

经济价值: 食用菌。

204. 齿舌小梗担子菌 *Xylodon radula* (Fr.) Tura, Zmitr., Wasser & Spirin

简要特征: 子实体一年生, 齿形或锥形, 长 1~2 mm, 宽 0.5~1.0 mm, 白色、奶油色至浅黄色。担子(20.0~25.0)μm×(5.5~7.5)μm, 棒状, 具 4 个小梗。孢子(7.2~9.5)μm×(2.2~3.7)μm, 圆柱形, 无色, 透明, 壁薄。

生境: 生于阔叶树的腐木上。

研究标本: 2020年11月21日, DCY2984(HGASMF01-10861), Genbank 登录号 ITS=MZ057698。

经济价值: 未知。

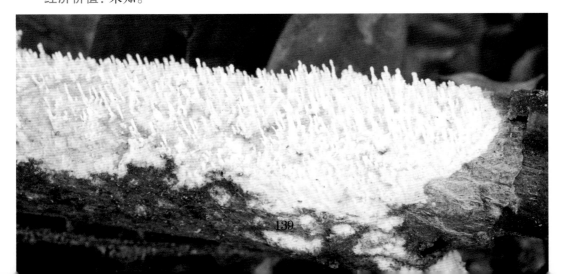

参考文献

陈作红, 2014. 2000 年以来有毒蘑菇研究新进展 [J]. 菌物学报, 33 (03) : 493–516.

戴玉成, 图力古尔, 崔宝凯, 等, 2013. 中国药用真菌图志 [M]. 哈尔滨 : 东北林业大学出版社.

戴玉成, 杨祝良, 崔宝凯, 等, 2021. 中国森林大型真菌重要类群多样性和系统学研究 [J]. 菌物学报, 40 (04) : 770–805.

戴玉成, 周丽伟, 杨祝良, 等, 2010. 中国食用菌名录 [J]. 菌物学报, 29 (01) : 1–21.

吴芳, 袁海生, 周丽伟, 等, 2020. 中国华南地区多孔菌多样性研究 [J]. 菌物学报, 39 (04) : 653–682.

黄年来, 1998. 中国大型真菌原色图鉴 [M]. 北京 : 中国农业出版社.

李玉, 李泰辉, 杨祝良, 等, 2015. 中国大型菌物资源图鉴 [M]. 郑州 : 中原农民出版社.

梁宗琦, 2007. 中国真菌志 : 第三十二卷 [M]. 北京 : 科学出版社.

刘波, 1974. 中国药用真菌 [M]. 太原 : 山西人民出版社.

刘波, 1992. 中国真菌志 : 第二卷 [M]. 北京 : 科学出版社.

刘波, 2005. 中国真菌志 : 第二十三卷 [M]. 北京 : 科学出版社.

卯晓岚, 2000. 中国大型真菌 [M]. 郑州 : 河南科学技术出版社.

图力古尔, 包海鹰, 李玉, 2014. 中国毒蘑菇名录 [J]. 菌物学报, 33 (03) : 517–548.

王科, 陈双林, 戴玉成, 等, 2021. 新世纪中国菌物新名称发表概况（2000—2020）[J]. 菌物学报, 40 (04) : 822–833.

王向华, 刘培贵, 2002. 云南野生贸易真菌资源调查及研究 [J]. 生物多样性, 10 (3) : 318–325.

吴兴亮, 1989. 贵州大型真菌 [M]. 贵阳 : 贵州人民出版社.

吴兴亮, 卯晓岚, 图力古尔, 等, 2013. 中国药用真菌 [M]. 北京 : 科学出版社.

杨彝华, 邓旺秋, 施庭有, 等, 2017. 云南楚雄州大型真菌图鉴（Ⅰ）[M]. 昆明 : 云南科技出版社.

杨祝良, 2005. 中国真菌志 : 第二十七卷 [M]. 北京 : 科学出版社.

臧穆, 2006. 中国真菌志 : 第二十二卷 [M]. 北京 : 科学出版社.

张雪岳, 1991. 贵州食用真菌和毒菌图志 [M]. 贵阳 : 贵州科技出版社.

赵继鼎, 1998. 中国真菌志 : 第三卷 [M]. 北京 : 科学出版社.

周代兴, 李汕生, 1979. 贵州常见的食菌和毒菌及菌中毒的防治 [M]. 贵阳 : 贵州人民出版社.

周亚娟, 何平, 李海蛟, 2018. 贵州省蘑菇中毒防控知识手册 [M]. 贵阳 : 贵州科技出版社.

庄文颖, 1998. 中国真菌志 : 第八卷 [M]. 北京 : 科学出版社.

邹方伦, 宋培浪, 王波, 2009. 中国·贵州高等真菌原色图鉴 [M]. 贵阳 : 贵州科技出版社.

WU F, ZHOU L W, YANG Z L, et al, 2019. Resource diversity of Chinese macrofungi : Edible, medicinal and poisonous species[J]. Fungal Diversity, 98 (1): 1–76.